金属非金属露天矿山安全专业实践教材

JINSHU FEIJINSHU
LUTIAN KUANGSHAN ANQUAN
ZHUANYE SHIJIAN JIAOCAI

主　编◎谭钦文　谭汝媚　刘　娟　徐中慧

副主编◎张文涛　徐午言　陈星明　吴爱军
　　　　薛　冰

参　编◎李春林　王海龙　郎流胜　成春节
　　　　彭　熙　段正肖　王　凤

重庆大学出版社

内容提要

本书围绕金属非金属露天矿山安全工作主线，系统地阐述了安全生产标准化创建、风险分级管控与隐患排查治理双重预防机制建设、"三同时"管理和应急救援管理等工作内容的基本思想、技术流程和工作方法，并以典型工作任务为实例设计了系统性训练题目。本书主要内容与现行国家标准和规范紧密结合，实践训练题库联系工程实际，实用性突出。

本书可作为资源与环境专业领域的安全工程、矿业工程等专业学科方向研究生的专业实践课程教材，也可作为安全工程、采矿工程及相关专业本科生专业实践教学的参考用书，还可作为相关专业工程技术人员的参考用书。

图书在版编目（CIP）数据

金属非金属露天矿山安全专业实践教材 / 谭钦文等

主编 . -- 重庆：重庆大学出版社，2024.6

ISBN 978-7-5689-4425-0

Ⅰ. ①金… Ⅱ. ①谭… Ⅲ. ①露天矿—矿山安全—安全管理—教材 Ⅳ. ① TD7

中国国家版本馆 CIP 数据核字（2024）第 065581 号

金属非金属露天矿山安全专业实践教材

主　编　谭钦文　谭汝媚　刘　娟　徐中慧
副主编　张文涛　徐午言　陈星明　吴爱军
　　　　薛　冰
责任编辑：姜　凤　　版式设计：姜　凤
责任校对：谢　芳　　责任印制：邱　瑶

*

重庆大学出版社出版发行
出版人：陈晓阳
社址：重庆市沙坪坝区大学城西路 21 号
邮编：401331
电话：（023）88617190　88617185（中小学）
传真：（023）88617186　88617166
网址：http://www.cqup.com.cn
邮箱：fxk@cqup.com.cn（营销中心）
全国新华书店经销
POD：重庆新生代彩印技术有限公司

*

开本：787mm×1092mm　1/16　印张：9.5　字数：198 千
2024 年 6 月第 1 版　　2024 年 6 月第 1 次印刷
ISBN 978-7-5689-4425-0　定价：35.00 元

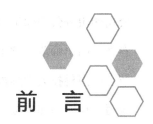

前　言

为了更好地落实教育部关于深入推进专业学位研究生教育发展的意见精神，满足"资源与环境"专业学位领域（0857）、强化专业学位研究生实践能力和创新能力的培养要求，本书围绕金属非金属露天矿山安全标准化、安全"三同时"、"双控"机制建设和应急救援等安全核心工作，系统性地设计了相关实践教学的内容，对许多实际应用问题通过实践训练项目的形式予以重点分析，强调工程实践和技术应用的能力培养。

本书的主要特点是结合新的《中华人民共和国安全生产法》提出的"生产经营单位必须同时构建安全风险分级管控和隐患排查治理双重预防机制"等的最新要求，同时为适应新时代大数据、人工智能和信息化需求，融入了"无人机摄影测量及 3D 建模分析"等新技术、新方法，设计了完善的实践教学内容和实践教学体系。专业实践内容的设置以实际应用为导向，以职业需求为目标，以综合素养和应用知识与能力的提高为核心，注重培养学生研究实践问题的意识和相关能力，尤其是创新能力。

本书共 6 章，第 1 章介绍了金属非金属露天矿山平面布局和工艺设备特点等基本概况；第 2 章介绍了露天矿山安全生产标准化建设和定级的整体流程和关键技术细节等核心内容；第 3 章以"基于无人机三维建模的双控机制建设"为主线，系统地介绍了双控机制的相关内容；第 4 章主要介绍了露天矿山"三同时"管理的相关内容和要求；第 5 章介绍了露天矿山应急救援相关规定及应急预案的工作程序与内容；第 6 章介绍了在露天矿山的实践环节中可能面临的各类安全问题，既能让学生注重自身安全的同时，又能体会到安全闭环管理的重要性。

根据金属非金属露天矿山安全专业实践的相关内容和编者特点确定分工：由西南科技大学谭钦文、谭汝媚、刘娟、徐中慧担任主编；中建八局西南公司张文涛、中建八局西南公司四川分公司徐午言、西南科技大学陈星明、吴爱军、薛冰任副主编；西南科技大学李春林、四川师范大学王海龙、重庆安全技术职业学院郎流胜、重庆城市管理职业学院成春节、西南科技大学彭熙、西安科技大学段正肖、广东肇庆航空职业学院王凤等参与本书的编写。在成书和出版过程中得到了西南科技大学学科建设项目和重庆大学出版社的大力支持，本书部分章节还参阅了许多著作和文献，在此一并表示感谢。

金属非金属露天矿山安全专业实践是一项不断发展和完善的系统工程，涉及的知识面非常广。由于作者学识水平所限，书中难免存在不妥和疏漏之处，恳请广大读者和专家批评指正。

编　者

2024 年 1 月

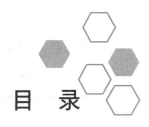

目　录

第1章 金属非金属露天矿山概况

1.1 金属非金属露天矿山的基本概念

金属非金属矿山是指除煤矿、煤系硫铁矿以及与煤共生、伴生矿山、石油矿山外的所有矿山企业。中国现有金属非金属矿山（包括尾矿库）近10万座，其中小型矿山的比例高达95%。

露天矿山是采用露天开采方式开采矿产资源的矿山企业。按地形和矿床埋藏条件，露天矿山可分为山坡露天矿和凹陷露天矿；按开采工艺，露天矿山可分为机械开采和水力冲采两大类。水力冲采仅适用于开采松软矿床，而机械开采则被广泛使用。机械开采露天矿时，把矿岩划分成一定厚度的水平分层（台阶），自上而下逐层进行剥离和采矿。

金属非金属露天矿山（以下简称"露天矿山"）是指在地表通过剥离围岩、表土或砾石，采出金属或非金属矿物的采矿场及其附属设施。

开采所形成的采坑、台阶和露天沟道，这些地形特征总称为露天矿场（图1.1）。

图 1.1 露天矿场

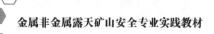

露天矿山中应用的主要机械有穿孔机、挖掘机、汽车、电机车、推土机等。露天矿山的主要生产系统有开拓和运输系统、穿孔爆破和采装系统、排土系统、防水和排水系统，以及破碎、选矿、机修、汽修、供电、供水、炸药制备、尾矿库等生产车间，一些矿山还有覆土造田系统。随着露天开采技术的发展和大型采、装、运设备在露天矿山的推广应用，露天矿山的机械化水平越来越高，规模越来越大。

1.2 露天矿山的总体布置

露天矿采出的原矿，一般经过破碎后运往用户处，剥离的岩土则运往排土场。当矿物品位较低、矿山水源充足且有足够的建厂场地时，将选矿厂设在露天矿旁，原矿经过选矿，排除尾矿，将品位较高的精矿运往用户处。

露天矿除了采、选生产系统的各种设施外，还有动力、供水、供热、机修、仓库、运输、行政及生活福利等设施。露天矿的总体布置，一般应包括以上各种设施。

现将露天矿与选矿厂联合设置时总体布置的各组成部分分述如下：

1）露天采场

露天矿根据矿床地质、产量要求及开采技术等条件经设计确定开采境界。在总体布置时，应考虑开采部位随时间推移的变化和在开采过程中爆破的影响。露天矿的采场位置及范围受矿床赋存条件的约束，不能随意选择或改动，这是采场确定的重要特点。

2）排土场

为了排弃、堆置露天矿剥离的大量岩、土，需在采场附近适当地点设置一处或多处外排土场。各外排土场的位置、堆高及排弃顺序，由总平面设计和排土工艺确定。对于那些暂时不能回收的伴生（或共生）矿物，应分别堆置，以利将来回收利用。对含有放射性元素的矿物、废石及尾矿的堆置，应符合放射线防护规定中的要求。

3）破碎筛分设施、选矿厂

破碎筛分设施通常与选矿厂设在一起，如矿物不需精选，则可设在矿山工业场地附近，或单独设置。当选矿厂离采场较远、露天矿采用平硐溜井开拓或采用联合运输（汽车与胶带）时，往往将粗破碎设施单独设置在采场附近、平硐内或采场内（半固定的）。

4）矿山工业场地

矿山工业场地的位置因矿山总体布置方式不同而异。它包括行政福利设施、仓库、修理及动力等设施，可单独设置在采场附近，为采矿生产服务；也可与选矿厂合并在一起，为整个露天矿服务。对于后者，为了采矿生产管理的方便，往往在采场附近设置一些必要的设施，形成一个局部的采矿工业场地。至于为整个矿区服务的场地，称为集中工业场地，通常包括为其他露天矿或矿井服务的设施。

5）炸药库

炸药库属仓库设施之一，因有爆炸危险性，一般应单独设置。库区除有贮存炸药的仓库外，还有贮存导爆材料的仓库、炸药加工室（厂）、炸药干燥室、警卫与消防设施等。

6）供水水源

供水水源一般取用地面水或地下水。通常由取水构筑物、泵站、管网、蓄水池等组成。

7）尾矿场

选矿排出的尾矿，一般用水力输送到尾矿场积存。为保护环境和减少用地，应着眼于尾矿的综合利用。尾矿场应利用山谷筑坝形成一定库容，若无山谷可利用，可在平地筑环形堤坝存放尾矿。

当尾矿中的有用矿物暂时无法回收时，应将其单独妥善存放，以备将来进行回收。

8）污水处理设施

一般应在工业场地及居住区建设处理生产和生活污水的污水处理厂。选矿厂采用浮选工艺时，在尾矿场附近应设置污水处理设施，将尾矿水处理后排入天然水体。如尾矿水须回收利用，可设在选矿厂附近。

9）居住区

居住区由职工宿舍、学校、医院、商店和俱乐部等文化生活设施组成。可设在现有市镇近旁成为其中的一部分，或单独设置形成新的市镇。

10）运输设施

露天矿的生产运输设施是根据矿山开拓运输方式确定的。矿山的原材料、设备和成品矿一般用铁路或汽车运输，运输线与国家铁路和公路网相连。

以上各组成部分及其相互关系如图 1.2 所示。

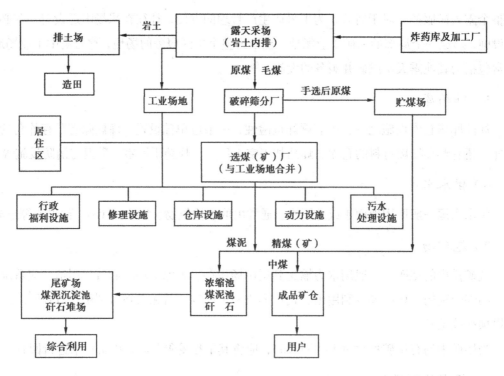

图 1.2　露天矿总体布置的组成及其相互关系示意图

1.3　露天矿山工艺简介及基本安全要求

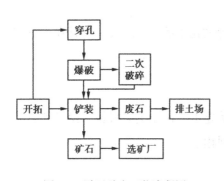

图 1.3　露天矿山工艺流程图

露天矿山是采用露天开采方式开采矿产资源的矿山企业。其主要生产过程包括露天开采（穿孔作业、爆破作业、铲装作业、分期和陡帮开采）、运输（铁路运输、道路运输、溜槽运输、平硐溜井运输、带式输送机运输、架空索道运输、斜坡卷扬运输）、水力开采和挖掘船开采、饰面石材开采、盐类矿山开采（盐湖、钻井水溶）、排土场。下面就穿孔作业，爆破作业，采装、运输作业，排土作业的主要内容和安全要求做介绍，如图 1.3 所示。

1.3.1　穿孔作业

对于矿石和岩石比较坚硬的矿山，必须在矿石、岩石上穿孔，以便用炸药进行爆破，达到疏松和破碎岩石的目的，为采装、运输工作创造良好的条件。

穿孔方法：热力破碎穿孔和机械破碎穿孔。

穿孔设备：火钻、钢绳式冲击钻、潜孔钻、牙轮钻、凿岩台车，如图1.4所示。目前主要应用的设备有牙轮钻、潜孔钻和凿岩台车。

（a）牙轮钻　　　　　　　　　　　　　　（b）凿岩台车

图1.4　露天矿山穿孔设备

穿孔作业安全要求如下：

①千斤顶中心至台阶坡顶线的最小距离：台车为1 m，牙轮钻、潜孔钻、钢绳冲击钻机为2.5 m，松软岩体为3.5 m。

②钻孔在平台上移动和安置时，履带板距离阶段坡顶线不得小于2.5 m。

③凿岩过程中采用湿式凿岩，避免粉尘对人身造成危害。

④钻机移动时，机下应有人引导和监护。

⑤炮眼开凿时，辅助人员与钻头开凿点的距离不得小于10 m，以防止碎渣迷眼和伤人。

⑥钻机不宜在坡度超过15°的坡面上行走；如果坡度超过15°，应放下钻架，由专人指挥，并采取防倾覆措施。

⑦移动电缆和停、切、送电源时，作业人员应严格穿戴高压绝缘手套和绝缘鞋，使用符合安全要求的电缆钩。

1.3.2　爆破作业

爆破是露天矿开采的第二个工艺环节，通过爆破作业，将整体矿岩进行破碎及松动，形成一定形状的爆堆，为后续采装作业提供工作条件。

露天矿爆破工作的好坏，对采装工作影响很大，要求爆破后的爆堆集中，爆破的矿岩块度应满足采装设备的要求，此外，应尽量减少底部残留的大块矿岩，以保证工作平台的平整，同时，还必须努力降低爆破材料的消耗以及穿孔爆破的成本。

露天矿常用的爆破方法有深孔爆破和硐室爆破，硐室爆破只在基建或特殊需要时使用，而深孔爆破是大、中型露天矿的主要爆破方法。深孔爆破钻孔布置分为垂直孔和倾斜孔两种，此外，根据需要还可以采用单排或多排孔爆破方法。为了获得较好的爆破效果，应合理确定爆破参数，采用多排孔微差爆破。

爆破作业安全要求如下：

①适当的爆破储备量，以满足挖掘机连续作业的要求，一般要求每次爆破的矿岩量应能满足挖掘机 5~10 昼夜的采装量。

②有合理的矿岩块度，以提高后续工序的作业效率，使开采总成本降低。

③爆堆堆积形态好，前冲量小；无上翻，无根底。

④无爆破危害。

⑤爆破作业现场应设置坚固的人员避炮设施，其设置地点、结构及拆移时间，应在采掘计划中规定，并经主管矿长批准。

⑥爆破前，应将钻机、挖掘机等移动设备开到安全地点，并切断电源。

⑦露天与井下爆破相互影响时，不应同时爆破，并且在爆破前应通知对方人员撤出危险区。

⑧爆破作业后，在陡帮开采作业区的坑线上和临时非工作台阶的运输通道上，应及时处理爆破中的危险石块，汽车不应在未经处理的线路上运行。

1.3.3 采装、运输作业

采装作业就是用装载机械将矿岩装入运输容器或由挖掘机直接卸至一定地点的作业。国内露天矿主要的采装设备为电动的单斗挖掘机。国外在剥离软岩和表土时，有用多斗或轮式挖掘机的。近年来，前端式装载机已被广泛应用于露天矿。

露天矿运输是把露天采矿场的矿石和岩石分别运至选矿厂和排土场，并将炸药和有关设备材料运至采矿场，如图 1.5 所示。目前，我国金属露天矿常用的运输方式主要包括公路运输、铁路运输、带式输送机、平硐溜井和斜坡卷扬等。

（a）采装　　　　　　　　　　　　（b）运输

图 1.5　露天矿山采装、铲装运输设备

采装、运输作业安全要求如下：

①挖掘机和前装机作业时不准铲装超过斗容的大块矿岩，不准用铲斗冲破大块矿岩，不准用铲斗挑挖工作面上的浮石和伞檐。

②禁止铲斗从车辆驾驶室上方越过，卸载时要保持铲斗平稳；汽车驾驶员必须严格遵守交通运输部颁布的交通规则和技术操作规程，严禁无证驾驶。

③当发现台阶坡面上有片帮或浮石塌落的危险时，驾驶员必须迅速将车辆驶出危险区，并采取措施排险后，才准继续作业。

④矿山铁路应按规定设置避让线和安全线；在适当地点设置制动检查所，对列车进行检查试验；需要设置甩挂、停放制动失灵的车辆所需的站线和设备。

⑤电气化铁路应在铁路两侧道口处设置限界架；在大桥及跨线桥跨越铁路电网的相应部位，应设置安全栅网；在跨线桥两侧应设置防止矿车落石的防护网。

⑥应合理选择溜槽的结构和位置。从安全和放矿条件考虑，溜槽坡度以 45° ~ 60° 为宜，应不超过 60°。

⑦带式输送机两侧应设置人行道，经常行人侧的人行道宽度应不小于 1.0 m；另一侧应不小于 0.6 m，人行道的坡度大于 7° 时，应设踏步。

⑧离地高度小于 2.5 m 的牵引索和站内设备的运转部分，应设置安全罩或防护网。高出地面 0.6 m 以上的站房，应在站口设置安全栅栏。

1.3.4 排土作业

矿山露天开采的一个重要特点就是要剥离覆盖在矿床上部及其周围的表土和岩石，并将其运至专设的场地排弃。这种接收排弃岩土的场地被称为排土场（或废石场）。在排土场用一定方式进行堆放岩土的作业被称为排土工作。露天矿山排土设备如图 1.6 所示。

图 1.6 露天矿山排土设备

露天采矿往往需要剥离大量岩石，并将其运往排土场进行堆置。采用不同的运输方式所用的排土机械也不同，铁路运输常用推土犁排土法和挖掘机排土法。汽车运输主要采用推土机排土法。小型露天矿可采用小型机械和人工排土法。

排土作业安全要求应符合《金属非金属矿山排土场安全生产规则》（AQ 2005—2005）、《有色金属矿山排土场设计标准》（GB 50421—2018）等规范要求，例如：

①矿山排土场应由有资质的中介机构进行设计。

②任何人均不应在排土场作业区或排土场危险区内从事捡矿石、捡石材和其他活动，未经设计或技术论证，任何单位均不应在排土场内回采低品位矿石和石材。

③在排土场最终境界20 m内，应指定专门区域排弃大块岩石。

④汽车排土作业时，应有专人指挥；非作业人员不应进入排土作业区，进入作业区内的工作人员、车辆、工程机械，应服从指挥人员的指挥。

⑤排土安全车挡或反坡不符合规定、坡顶线内侧30 m范围内有大面积裂缝（缝宽0.1～0.25 m）或不正常下沉（0.1～0.2 m）时，汽车禁止进入该危险区作业，应在查明原因及时处理后，方可恢复排土作业。

⑥汽车进入排土场内应限速行驶，距排土工作面50～200 m时速度应低于16 km/h，50 m范围内时速度应低于8 km/h；排土作业区应设置一定数量的限速牌等安全标志牌。

⑦处于地震烈度高于6度的排土场地区，应制订相应的防震和抗震应急预案。

⑧矿山企业应建立排土场监测系统，定期进行排土场监测。排土场发生滑坡时，应加强监测工作。

1.3.5　露天矿山电气安全

1）基本要求

①在电气设备可能被人触及的裸露带电部分，应设置保护罩或遮栏及警示标志。

②露天矿山的供电设备和线路在停电和送电时，必须严格执行工作票制度。

③采场的每台设备，应设有专用的受电开关；停电或送电时应有工作牌。

2）线路上

①移动式电气设备，应使用矿用橡套电缆。

②从变电所至采场边界以及采场内爆破安全地带的供电线路，均应使用固定线路。

③在长度150 m范围内，橡套电缆接头应不超过10个，否则应予以报废。

3）变电所

①变电所应有独立的防雷系统和防火、防潮及防止小动物窜入带电部位的措施。

②变电所的门应向外开，窗户应有金属网栅；变电所四周应有围墙或栅栏，并应有通

往变电所的道路。

③联系和办理停、送电时，应执行使用录音电话和工作票制度。

④送电时，工作票应经矿山调度人员签字，并由工作人员用录音电话与调度人员联系。作业人员交还工作牌后，方可送电。

4）照明

①夜间工作时，所有作业点及危险点，均应配备有足够的照明。

②露天矿照明使用的电压，应为 220 V；行灯或移动式电灯的电压，应不高于 36 V；在金属容器和潮湿地点作业时，安全电压应不超过 12 V。

5）保护接地

①接地线应采用并联方式，不应将各电气设备的接地线串联接地。

②直流线路零线的重复接地，应用人工接地体，不应与地下管网有金属联系。

6）露天矿供配电安全

①采矿场的供电线路不宜少于两回路。两班生产的采矿场或小型采矿场可采用一回路。排土场的供电线路可采用一回路。

②露天矿采矿场和排土场的高压电力网配电电压，应采用 6 kV 或 10 kV。当有大型采矿设备或采用连续开采工艺并且技术经济比较合理时，可选择采用其他电压等级。露天采矿厂和排土场应有独立的防雷系统和防火、防潮及防止小动物窜入带电部位的措施。

③有淹没危险的采矿场，主排水泵的供电线路应不少于两回路。当任一回路停电时，其余线路的供电能力应能承担最大排水负荷。

④采矿场内的架空线路宜采用钢芯铝绞线，其截面积应不小于 35 mm^2。排土场的架空线路宜采用铝绞线。由分支线向移动式设备供电，应采用矿用橡套软电缆。

⑤采矿场和排土场低压电力网的配电电压，宜采用 380 V 或 380/220 V。手持式电气设备的电压，通常应采用不超过 36 V 的安全电压，如遇特殊情况采用了 220 V 或 380 V 的手持式电气设备，则这些设备必须带有漏电保护装置，且在使用过程中必须严格遵守安全操作规程。

⑥户外高压电力设备在高度 2.6 m 以下的裸露带电部分，应设置围栏。

1.3.6　防排水和防灭火安全

1）防排水安全要求

①露天矿山应设置防、排水机构。大、中型露天矿山应设专职水文地质人员，建立水文地质资料档案。每年应制定防排水措施，并定期检查措施执行情况。

②矿山应按设计要求建立排水系统。上方应设截水沟；有滑坡可能的矿山，应加强防排水措施；应防止地表、地下水渗漏到采场。

③露天矿遇超过设计防洪频率的洪水时，允许最低一个台阶被临时淹没，淹没前应撤出一切人员和重要设备。

④矿山所有排水设施及其机电设备的保护装置，未经主管部门批准，不应任意拆除。

⑤有条件的排土场，底部应排放易透水的大块岩石，以保证排土场正常渗流。较大容量的水力排土场，应设值班室，配置通信设施和必要的水位观测、坝体沉降与位移观测、坝体浸润线观测等设施，并由专人负责，按要求整理。

2）防火和灭火安全要求

①建立健全防灭火机构，明确消防安全职责，制定完善的防灭火管理制度。

②强化教育培训和日常消防管理，严格动火作业许可，规范动火作业管理。

③加强雷电、静电和电气火灾防控，完善区域防雷、防爆、防火设施。

④定期开展火灾隐患排查，及时发现并消除安全隐患。

⑤制定详细的火灾应急预案，定期组织消防演练，提高员工的应急响应能力和自救互救技能。

⑥建立健全火灾监测预警机制，加强火灾风险预测和早期预警。

综上所述，露天矿山应构建起全方位、立体化的防火体系，做到事前预防、事中控制和事后妥善处理，确保矿山消防安全。

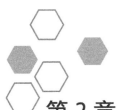

第 2 章　露天矿山安全生产标准化建设

2004 年，国家安全生产监督管理总局制定了《关于开展安全质量标准化活动的指导意见》（安监管政法字〔2004〕62 号），推动煤矿、非煤矿山、危险化学品、烟花爆竹、冶金、机械等行业、领域开展安全质量标准化创建工作。2006 年，国家安全生产监督管理总局批准发布了行业标准《金属非金属矿山安全标准化规范导则》系列标准，并于 2007 年 7 月 1 日起实施。2016 年，国家安全生产监督管理总局修订并发布了《金属非金属矿山安全标准化规范导则》系列标准，并于 2017 年 3 月 1 日起实施。随后，国家标准《企业安全生产标准化基本规范》（GB/T 33000—2016）被批准发布，自 2017 年 4 月 1 日起正式实施，该标准由国家安全生产监督管理总局提出，全国安全生产标准化技术委员会归口，中国安全生产协会负责起草。

企业安全生产标准化，即企业通过落实安全生产主体责任，全员全过程参与，建立并保持安全生产管理体系，全面管控生产经营活动各环节的安全生产与职业卫生工作，实现安全健康管理系统化、岗位操作行为规范化、设备设施本质安全化、作业环境器具定制化，并持续改进。

该标准适用于工矿商贸企业开展安全生产标准化建设工作，有关行业编制、修订安全生产标准化标准、评定标准，以及对标准化工作的咨询、服务、评审、科研、管理和规划等。其他企业和生产经营单位等可参照执行。

2.1　标准化建设的作用与意义

企业安全生产标准化要求生产经营单位分析生产安全风险，建立预防机制，健全科学的安全生产责任制、安全生产管理制度和操作规程，确保各生产环节和相关岗位的安全工作符合法律法规、标准规程的要求，达到和保持一定的标准，并持续改进、完善和提高，使企业的"人、机、环、管"始终在最好的安全状态下运行，进而保证和促进企业在安全

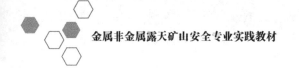

的前提下健康、快速发展。

2.1.1　企业安全生产标准化的作用

①安全生产标准化是全面贯彻我国安全生产法律法规,落实企业主体责任的基本手段。

②安全生产标准化是体现先进安全管理思想,提高企业安全管理水平的重要方法。

③安全生产标准化是改善设备设施状况,提高企业本质安全水平的有效途径。

④安全生产标准化是预防控制安全风险,降低事故发生的有效办法。

⑤安全生产标准化是建立约束机制,树立企业良好形象的重要措施。

⑥安全生产标准化是建立长效机制,提高安全监管水平的有力抓手。

2.1.2　安全生产标准化的意义

①安全生产标准化成为推动安全发展的有力支撑。

②安全生产标准化成为加强企业安全生产基础的有力载体。

③安全生产标准化成为建立健全隐患排查治理和预警机制的有力推手。

④安全生产标准化成为科学监管、重点监管的有力依据。

2.2　露天矿山标准化建设内容

2.2.1　企业安全生产标准化建设内容

现行国家标准《企业安全生产标准化基本规范》（GB/T 33000）规定了企业安全生产标准化管理体系建立、保持与评定原则和一般要求,以及目标职责、制度化管理、教育培训、现场管理、安全风险管控及隐患排查治理、应急管理、事故管理和持续改进 8 个体系的核心技术要求。

1）目标职责

（1）目标

①企业根据自身安全生产实际,制订文件化的总体和年度安全生产与职业卫生目标,并将其纳入企业总体生产经营目标。明确目标的制订、分解、实施、检查、考核等环节要求。

②按照所属基层单位和部门在生产经营活动中所承担的职能,将目标分解为指标,以确保落实。

③企业应定期对安全生产与职业卫生目标、指标实施情况进行评估和考核,并结合实

际及时调整。

（2）机构和职责

①企业应落实安全生产组织领导机构，成立安全生产委员会，并按照有关规定设置安全生产和职业卫生管理机构，或配备相应的专职或兼职安全生产和职业卫生管理人员，并按照有关规定配备注册安全工程师，建立健全从管理机构到基层班组的管理网络。

②企业主要负责人应全面负责安全生产和职业卫生工作，并履行相应的责任和义务。分管负责人应对各自职责范围内的安全生产和职业卫生工作负责。

各级管理人员应按照安全生产和职业卫生责任制的相关要求，认真履行其安全生产和职业卫生职责。

（3）全员参与

①企业应建立健全安全生产和职业卫生责任制，明确各级部门和从业人员的安全生产和职业卫生职责，并对职责的适宜性、履行情况进行定期评估和监督考核。

②企业应为全员参与安全生产和职业卫生工作创造必要的条件，建立激励、约束机制，鼓励从业人员积极建言献策，营造自下而上、全员重视安全生产和职业卫生的良好氛围，不断提升安全生产和职业卫生管理水平。

（4）安全生产投入

①企业应建立安全生产投入保障制度，按照有关规定提取和使用安全生产费用，并建立使用台账。

②企业应按照有关规定，为从业人员缴纳相关保险费用。企业宜投保安全生产责任保险。

（5）安全文化建设

企业应开展安全文化建设，确立本企业的安全生产和职业病危害防治理念及行为准则，并督促、引导全体人员贯彻执行。

企业开展安全文化建设活动，应符合 AQ/T 9004 的规定。

（6）安全生产信息化建设

企业应根据自身实际，利用信息化手段加强安全生产管理工作，开展安全生产电子台账管理、重大危险源监控、职业病危害防治、应急管理、安全风险管控和隐患自查自报、安全生产预测预警等信息系统的建设。

2）制度化管理

（1）法规标准识别

①企业应建立安全生产和职业卫生法律法规、标准规范的管理制度，明确主管部门，确定获取的渠道、方式，及时识别和获取适用、有效的法律法规、标准规范，创建安全生产和职业卫生法律法规、标准规范清单和文本数据库。

②企业应将适用的安全生产和职业卫生法律法规、标准规范的相关要求转化为本单位的规章制度、操作规程，并及时传达给相关从业人员，确保相关要求落实到位。

（2）规章制度

企业应建立健全安全生产和职业卫生规章制度，并广泛征求工会及从业人员的意见和建议，以规范安全生产和职业卫生管理工作。

企业应确保从业人员及时获取制度文本。

企业安全生产和职业卫生规章制度包括但不限于下列内容：

①目标管理。

②安全生产和职业卫生责任制。

③安全生产承诺。

④安全生产投入。

⑤安全生产信息化。

⑥四新（新技术、新材料、新工艺、新设备设施）管理。

⑦文件、记录和档案管理。

⑧安全风险管理、隐患排查治理。

⑨职业病危害防治。

⑩教育培训。

⑪开展班组安全活动。

⑫特种作业人员管理。

⑬建设项目安全设施、职业病防护设施"三同时"管理。

⑭设备设施管理。

⑮施工和检维修安全管理。

⑯危险物品安全管理。

⑰危险作业安全管理。

⑱安全警示标志管理。

⑲安全预测预警。

⑳安全生产奖惩管理。

㉑相关方安全管理。

㉒变更管理。

㉓个体防护用品管理。

㉔应急管理。

㉕事故管理。

㉖安全生产报告。

㉗绩效评定管理。

（3）操作规程

①企业应根据有关规定，结合本企业生产工艺、作业任务特点以及岗位作业安全风险与职业病防护要求，编制适用的岗位安全生产和职业卫生操作规程，并将其发放给相关岗位员工，并严格执行。

企业应确保从业人员参与岗位安全生产和职业卫生操作规程的编制和修订工作。

②企业应在新技术、新材料、新工艺、新设备设施投入使用前，组织编制和修订相应的安全生产和职业卫生操作规程，以确保其适用性和有效性。

（4）文档管理

①企业应建立文件和记录管理制度，明确安全生产和职业卫生规章制度、操作规程的编制、评审、发布、使用、修订、作废以及文件和记录管理的职责、程序和要求。

②企业应建立健全主要安全生产和职业卫生过程与结果的记录管理制度，并建立和保存有关记录的电子档案，支持查询和检索，以便于自身管理使用和行业主管部门调取、检查。

③企业每年应至少评估一次安全生产和职业卫生法律法规、标准规范、规章制度、操作规程的适用性、有效性和执行情况。

④企业应根据评估结果、安全检查情况、自评结果、评审情况、事故情况等，及时修订安全生产和职业卫生规章制度、操作规程。

3）教育培训

（1）教育培训管理

①企业应建立健全安全教育培训制度，并按照有关规定进行培训。培训大纲、内容、时间应符合有关标准的规定。

企业安全教育培训应包括安全生产和职业卫生的内容。

企业应明确安全教育培训主管部门，定期识别安全教育培训需求，制订、实施安全教育培训计划，并保证必要的安全教育培训资源。

②企业应如实记录全体从业人员的安全教育和培训情况，建立安全教育培训档案和从业人员个人培训档案，并对培训效果进行评估和改进。

（2）人员教育培训

①企业的主要负责人和安全生产管理人员，应具备与本企业所从事的生产经营活动相适应的安全生产和职业卫生知识与能力。

企业应对各级管理人员进行教育培训，确保其具备正确履行岗位安全生产和职业卫生职责的知识与能力。

法律法规要求考核安全生产和职业卫生知识与能力的人员，应按照有关规定考核合格。

②企业应对从业人员进行安全生产和职业卫生教育培训，保证从业人员具备满足岗位

要求的安全生产和职业卫生知识，熟悉有关的安全生产和职业卫生法律法规、规章制度、操作规程，掌握本岗位的安全操作技能和职业危害防护技能、安全风险辨识和管控方法，了解事故现场应急处置措施，并根据实际需要，定期进行复训考核。

安全教育培训未合格的从业人员，不应上岗作业。

煤矿、非煤矿山、危险化学品、烟花爆竹、金属冶炼等企业应对新上岗的临时工、合同工、劳务工、轮换工、协议工等进行强制性安全培训，保证其具备本岗位所需的安全操作、自救互救以及应急处置知识和技能后，方能安排上岗作业。

企业新入厂（矿）的从业人员上岗前应经过厂（矿）、车间（工段、区、队）、班组三级安全培训教育。岗前安全教育培训的学时和内容应符合国家和行业的有关规定。

在新工艺、新技术、新材料、新设备设施投入使用前，企业应对有关从业人员进行专门的安全生产和职业卫生教育培训，以确保他们具备相应的安全操作、事故预防和应急处置能力。

从业人员在企业内部调岗或离岗一年以上重新上岗时，应重新进行车间（工段、区、队）和班组级的安全教育培训。

③从事特种作业、特种设备作业的人员应按照有关规定，经专门安全作业培训后考核合格，获得相应资格后，方可上岗作业，并定期接受复审。

④企业专职应急救援人员应按照有关规定，经专门应急救援培训，且考核合格后方可上岗，并应定期参加复训。

⑤其他从业人员每年应接受再培训，再培训的时间和内容应符合国家和地方政府的有关规定。

⑥企业应对进入企业从事服务和作业活动的承包商、供应商的从业人员和接收的中等职业学校、高等学校实习生，进行入厂前的（矿）安全教育培训，并保存记录。

外来人员进入作业现场前，应由作业现场所在单位对其进行安全教育培训，并保存记录。安全教育培训主要内容包括外来人员入厂（矿）有关安全规定、可能接触到的危害因素、所从事作业的安全要求、作业安全风险分析及安全控制措施、职业病危害防护措施、应急知识等。

⑦企业应对进入企业检查、参观、学习等的外来人员进行安全教育，主要内容包括安全规定、可能接触到的危险有害因素、职业病危害防护措施、应急知识等。

4）现场管理

（1）设备设施管理

①企业总平面布置应符合现行国家标准《工业企业总平面设计规范》（GB 50187）的规定，建筑设计防火和建筑灭火器配置应分别符合现行国家标准《建筑设计防火规范》（GB 50016）和《建筑灭火器配置设计规范》（GB 50140）的规定；建设项目的安全设

施和职业病防护设施应与建设项目主体工程同时设计、同时施工、同时投入生产和使用。

②企业应按照有关规定进行建设项目安全生产、职业病危害评估，严格按照建设项目安全设施和职业病防护设施设计审查、施工、试运行、竣工验收等管理程序，并履行相应的职责。

③企业应落实设备设施采购、到货验收制度，购置和使用符合要求、质量合格的设备设施。设备设施安装后，企业应对其进行验收，并对相关过程及结果进行记录。

④企业应对设备设施进行规范化管理，建立设备设施管理台账。

⑤企业应有专人负责管理各种安全设备设施及其检测与监测，定期检查、维护并做好记录。

⑥企业应针对高温、高压和生产、使用、储存易燃、易爆、有毒、有害物质等高风险设备，以及海洋石油开采和矿山井下特种设备，建立运行、巡检、保养的专项安全管理制度，确保其始终处于安全可靠的运行状态。

⑦安全设施和职业病防护设施不应随意拆除、挪用或弃置不用；确因检维修拆除的，应采取临时安全措施，检维修完毕后须立即复原。

⑧企业应建立设备设施检维修管理制度，制订综合检维修计划，加强日常检维修和定期检维修管理，落实"五定"原则，即定检维修方案、定检维修人员、定安全措施、定检维修质量、定检维修进度，并做好记录。

⑨检维修方案应包含作业安全风险分析、控制措施、应急处置措施及安全验收标准。在检维修过程中，应采取安全控制措施，隔离能量和危险物质，并进行监督检查，检维修后应进行安全确认。在检维修过程中，涉及危险作业的，应按照《企业安全生产标准化基本规范》5.4.2.1 中的相关规定执行。

⑩特种设备应按照有关规定，委托具有专业资质的检测、检验机构进行定期检测、检验。涉及人身安全、危险性较大的海洋石油开采和矿山井下特种设备，应取得矿用产品安全标志或相关安全使用证。

⑪企业应建立设备设施报废管理制度。设备设施报废应办理审批手续，在报废设备设施拆除前应制订方案，并在现场设置明显的报废标志。报废、拆除涉及许可作业的设备设施，应按照《企业安全生产标准化基本规范》第 5.4.2.1 中的相关规定执行，并在作业前对相关作业人员进行培训和安全技术交底。报废、拆除应按方案和许可内容组织实施。

（2）作业安全

①企业应事先分析和控制生产过程中涉及工艺、物料、设备设施、器材、通道、作业环境等存在的安全风险。

②生产现场应实行定置管理，保持作业环境整洁。

③生产现场应配备相应的安全、职业病防护用品（具）及消防设施与器材，并按照有

关规定设置应急照明、安全通道，确保安全通道畅通。

④企业应对临近高压输电线路作业、危险场所动火作业、有（受）限空间作业、临时用电作业、爆破作业、封道作业等危险性较大的作业活动，实施作业许可管理，并严格履行作业许可审批手续。作业许可应包括安全风险分析、安全及职业病危害防护措施、应急处置等内容。作业许可实行闭环管理。

企业应对作业人员的上岗资格、条件等进行作业前的安全检查，以确保特种作业人员持证上岗，并安排专人进行现场安全管理，确保作业人员遵守岗位操作规程和落实安全及职业病危害防护措施。

⑤企业应采取可靠的安全技术措施，对设备能量和危险有害物质进行屏蔽或隔离。

⑥当两个以上的作业队伍在同一作业区域内进行作业活动时，不同作业队伍之间应签订管理协议，明确各自的安全生产、职业卫生管理职责和采取的有效措施，并指定专人进行检查与协调。

危险化学品生产、经营、储存和使用单位的特殊作业，应符合现行国家标准《危险化学品企业特殊作业安全规范》（GB 30871）的规定。

⑦企业应依法合理地进行生产作业的组织和管理，加强对从业人员作业行为的安全管理，对设备设施、工艺技术以及从业人员的作业行为等进行安全风险辨识，并采取相应的措施，控制作业行为过程中的安全风险。

⑧企业应监督、指导从业人员遵守安全生产和职业卫生规章制度、操作规程，杜绝违章指挥、违规作业和违反劳动纪律的"三违"行为。

⑨企业应为从业人员配备与岗位安全风险相适应的、符合现行国家标准《个体防护装备配备规范 第1部分：总则》（GB 39800.1）规定的个体防护装备与用品，并监督、指导从业人员按照有关规定佩戴、使用、维护、保养和检查该装备与用品。

⑩企业应建立班组安全活动管理制度，开展岗位达标活动，明确岗位达标的内容和要求。

⑪从业人员应熟悉本岗位安全职责，掌握安全生产和职业卫生操作规程，并能有效采取安全风险管控、防护用品使用、自救互救及应急处置措施。

⑫各班组应按照有关规定开展安全生产和职业卫生教育培训、安全操作技能训练、岗位作业危险预知、作业现场隐患排查、事故分析等工作，并做好记录。

⑬企业应建立承包商、供应商等安全管理制度，将承包商、供应商等相关方的安全生产和职业卫生纳入企业内部管理，对承包商、供应商等相关方的资格预审、选择、作业人员培训、作业过程检查监督、产品与服务、绩效评估、续用或退出等进行管理。

⑭企业应建立合格承包商、供应商等相关方的名录和档案，定期识别服务行为安全风险，并采取有效的控制措施。

⑮企业不应将项目委托给不具备相应资质或不具备安全生产、职业病防护条件的承包商、供应商等相关方。企业应与承包商、供应商等签订合作协议，明确规定双方的安全生产及职业病防护的责任和义务。

⑯企业应通过供应链关系促进承包商、供应商等相关方达到安全生产标准化要求。

（3）职业健康

①企业应为从业人员提供符合职业卫生要求的工作环境和条件，为接触职业危害的从业人员提供职业病防护用品，建立、健全职业卫生档案和健康监护档案。

产生职业病危害的工作场所应配备相应的职业病防护设施，并符合 GBZ 1 的相关规定。

②企业应确保使用有毒、有害物品的作业场所与生活区、辅助生产区分开，且作业场所不应住人；将有害作业与无害作业分开，高毒工作场所与其他工作场所隔离。

③对可能发生急性职业危害的有毒、有害工作场所，企业应配备检测报警装置，制订应急预案，配置现场急救用品、设备，设置应急撤离通道和必要的避险区，并定期检查监测。

④企业应组织从业人员进行上岗前、在岗期间、特殊情况应急后和离岗时的职业健康检查，将检查结果书面告知从业人员并存档。检查结果异常的从业人员，应及时就医，并定期复查。企业不应安排未经职业健康检查合格的从业人员从事接触存在职业病危害的作业；不应安排有职业禁忌的从业人员从事禁忌作业。从业人员的职业健康监护应符合 GBZ 188 的相关规定。

⑤各种防护用品、各种防护器具应定点存放在安全、便于取用的地方，企业应为其建立台账，并由专人负责保管，定期校验、维护和更换。

⑥涉及放射工作场所和放射性同位素运输、贮存的企业，应配置防护设备和报警装置，并为接触放射线的从业人员佩戴剂量计。

⑦企业与从业人员订立劳动合同时，应将工作过程中可能产生的职业危害及其后果和防护措施如实告知从业人员，并在劳动合同中写明。

企业应按照有关规定，在醒目位置设置公告栏，公布有关职业病防治的规章制度、操作规程，以及职业病危害事故应急救援措施和工作场所职业病危害因素检测结果。对存在或产生职业病危害的工作场所、作业岗位、设备、设施，应在醒目位置设置警示标识和中文警示说明；使用有毒物品的作业场所，应设置黄色区域警示线、警示标志和中文警示说明；高毒作业场所应设置红色区域警示线、警示标志和中文警示说明，并设置通信报警设备。高毒物品作业岗位职业病危害告知应符合 GBZ/T 203 的相关规定。

⑧企业应按照有关规定，及时、如实地向所在地安全生产监督管理部门申报职业病危害项目，并及时更新信息。

⑨企业应改善工作场所职业卫生条件，控制职业病危害因素，浓（强）度不超过 GBZ 2.1、GBZ 2.2 规定的限值。

企业应对工作场所的职业病危害因素进行日常监测，并保存监测记录。存在职业病危害的，应委托具有相应资质的职业卫生技术服务机构，每年至少进行一次全面的职业病危害因素检测；职业病危害严重的，应委托具有相应资质的职业卫生技术服务机构，每3年至少进行一次职业病危害现状评估。将检测、评估结果存入职业卫生档案，并向安全监管部门报告，向从业人员公布。

　　⑩定期检测结果中职业病危害因素浓度（或强度）超过职业接触限值的，企业应根据职业卫生技术服务机构提出的整改建议，结合本单位的实际情况，制订切实有效的整改方案，并立即进行整改。整改落实情况应有明确的记录并存入职业卫生档案。

　　（4）警示标志

　　①企业应按照有关规定和工作场所的安全风险特点，在有重大危险源、较大危险因素和严重职业病危害因素的工作场所，设置明显的、符合有关规定的安全警示标志和职业病危害警示标志。其中，警示标志的安全色和安全标志应分别符合现行国家标准《安全色》（GB 2893）和《安全标志及其使用导则》（GB 2894）的规定，道路交通标志和标线应符合现行国家标准 GB 5768（所有部分）的规定，工业管道安全标志应符合现行国家标准《工业管道的基本识别色、识别符号和安全标识》（GB 7231）的规定，消防安全标志应符合现行国家标准《消防安全标志 第1部分：标志》（GB 13495.1）的规定，工作场所职业病危害警示标志应符合现行国家标准 GBZ 158 的规定。安全警示标志和职业病危害警示标志应标明安全风险内容、危险程度、安全距离、防控办法、应急措施等内容。在有重大隐患的工作场所和设备设施上应设置安全警示标志，标明治理责任、期限及应急措施；在有安全风险的工作岗位应设置安全告知卡，告知从业人员本企业、本岗位主要危险有害因素、后果、事故预防及应急措施、报告电话等内容。企业应定期对警示标志进行检查维护，以确保其完好有效。

　　②企业应在设备设施施工、吊装、检维修等作业现场设置警戒区域和警示标志，在检维修现场的坑、井、渠、沟、陡坡等场所设置围栏和警示标志，进行危险提示、警示，并告知危险的种类、后果及应急措施等。

　　5）安全风险管控及隐患排查治理

　　（1）安全风险管理

　　①企业应建立安全风险辨识管理制度，组织全员对本单位的安全风险进行全面、系统的辨识。

　　②安全风险辨识范围应覆盖本单位的所有活动及区域，并考虑到正常、异常和紧急3种状态及过去、现在和将来3种时态。安全风险辨识应采用适宜的方法和程序，且与现场实际相符。

　　企业应对安全风险辨识资料进行统计、分析、整理和归档。

③企业应建立安全风险评估管理制度，明确安全风险评估的目的、范围、频次、准则和工作程序等。

④企业应选择合适的安全风险评估方法，定期对所辨识出的存在安全风险的作业活动、设备设施、物料等进行评估。在评估安全风险时，至少应从影响人、财产和环境 3 个方面的可能性和严重程度进行分析。

⑤矿山、金属冶炼和危险物品生产、储存企业，应委托具备规定资质条件的专业技术服务机构每 3 年对本企业的安全生产状况进行安全评价。

⑥企业应选择工程技术措施、管理控制措施和个体防护措施等，对安全风险进行控制。

企业应根据安全风险评估结果及生产经营状况等，确定相应的安全风险等级，并对其进行分级分类管理，实施安全风险差异化动态管理，制订并落实相应的安全风险控制措施。

⑦企业应将安全风险评估结果及所采取的控制措施告知相关从业人员，使其熟悉工作岗位和作业环境中存在的安全风险以及掌握、落实应采取的控制措施。

⑧企业应制订变更管理制度。制度变更前，企业应对变更过程及变更后可能产生的安全风险进行分析，制订控制措施，履行审批及验收程序，并告知和培训相关从业人员。

（2）重大危险源辨识与管理

①企业应建立重大危险源管理制度，全面辨识重大危险源，并对已确认的重大危险源采取安全管理技术措施和应急预案。

②涉及危险化学品的企业应按照现行国家标准 GB 18218 的相关规定，对重大危险源进行辨识和管理。

企业应对重大危险源进行登记建档，设置重大危险源监控系统进行日常监控，并按照规定向所在地的安全监管部门备案。重大危险源安全监控系统应符合 AQ 3035 的技术规定。

有重大危险源的企业应将本单位监控中心（室）视频监控资料、数据监控系统状态数据和监控数据与有关监管部门监管系统联网。

（3）隐患排查治理

①企业应建立隐患排查治理制度，逐渐建立并落实从主要负责人到每位从业人员的隐患排查治理和防控责任制。企业应按照有关规定，组织开展隐患排查治理工作，及时发现并消除隐患，实行隐患闭环管理。

②企业应依据有关法律法规、标准规范等，组织制订各部门、岗位、场所、设备设施的隐患排查治理标准或排查清单，明确隐患排查的时限、范围、内容和要求，并组织开展相应的培训工作。隐患排查的范围应包括所有与生产经营相关的场所、人员、设备设施和活动，还应包括承包商和供应商等相关服务范围。

③企业应按照有关规定，结合安全生产的需要和特点，采用综合检查、专业检查、季节性检查、节假日检查、日常检查等方式进行隐患排查。对排查出的隐患，企业应按照隐患等级进行记录，建立隐患信息档案，并按照职责分工进行监控治理。企业还应组织有关

人员对本单位可能存在的重大隐患作出认定，并按照有关规定进行管理。

企业应将相关方排查出的隐患统一纳入本单位的隐患管理。

④企业应根据隐患排查的结果，制订隐患治理方案，并对隐患进行及时治理。

企业应按照责任分工，立即或限期组织整改一般隐患。主要负责人应组织制订并实施重大隐患治理方案。治理方案应包括目标和任务、方法和措施、经费和物资、机构和人员、时限和要求及应急预案。

企业在隐患治理过程中，应采取相应的监控防范措施。隐患排除前或排除过程中无法保证安全的，企业应从危险区域内撤出作业人员，疏散可能危及的人员，并设置警戒标志，暂时停产停业或停止使用相关设备设施。

⑤隐患治理完成后，企业应按照有关规定对隐患治理情况进行评估、验收。重大隐患治理完成后，企业应组织本单位的安全管理人员和有关技术人员进行验收或委托依法设立的为安全生产提供技术、管理服务的机构进行评估。

⑥企业应如实记录隐患排查治理情况，至少每月进行统计分析，并及时将隐患排查治理情况向从业人员通报。

企业应运用隐患自查、自改、自报信息系统，对隐患排查、报告、治理、销账等过程进行电子化管理和统计分析，并按照当地安全监管部门和有关部门的要求，定期或实时报送隐患排查治理情况。

（4）预测预警

企业应根据自身的生产经营状况、安全风险管理及隐患排查治理、事故等情况，采用定量或定性的安全生产预测预警技术，建立体现企业安全生产状况及发展趋势的预测预警体系。

6）应急管理

（1）应急准备

①企业应按照有关规定，建立应急管理组织机构或指定专人负责应急管理工作，组建与本单位安全生产特点相适应的专（兼）职应急救援队伍。按照有关规定可以不单独组建应急救援队伍的企业，应指定兼职救援人员，并与邻近专业应急救援队伍签订应急救援服务协议。

②企业应在开展安全风险评估和应急资源调查的基础上，建立生产安全事故应急预案体系，制订符合现行国家标准 GB/T 29639 规定的生产安全事故应急预案，并针对安全风险较大的重点场所（设施）制订现场处置方案，编制重点岗位、人员应急处置卡。

③企业应按照有关规定，将应急预案报当地主管部门备案，并通报应急救援队伍、周边企业等有关应急协作单位。

④企业应定期评估应急预案，及时根据评估结果或实际情况的变化对其进行修订和完善，并按照有关规定将修订后的应急预案及时报当地主管部门备案。

⑤企业应根据可能发生的事故特点，按照规定设置应急设施，配备应急装备，储备应急物资，建立管理台账，安排专人管理，并定期检查、维护、保养，确保其完好、可靠。

⑥企业应按照AQ/T 9007的规定定期组织公司（厂、矿）、车间（工段、区、队）、班组开展生产安全事故应急演练，做到一线从业人员参与应急演练全覆盖，并按照AQ/T 9009的规定对演练进行总结和评估，根据评估结论和演练发现的问题，修订、完善应急预案，改进应急准备工作。

⑦矿山、金属冶炼等企业，生产、经营、运输、储存、使用危险物品或处置废弃危险物品的生产经营单位，应建立生产安全事故应急救援信息系统，并与所在地县级以上地方人民政府负有安全生产监督管理职责部门的安全生产应急管理信息系统互联互通。

（2）应急处置

①事故发生后，企业应根据预案要求，立即启动应急响应程序，按照有关规定报告事故情况，并开展先期处置。

②发出警报，在不危及人身安全时，现场人员应采取阻断或隔离事故源、危险源等措施；严重危及人身安全时，现场人员应迅速停止现场作业，采取必要的或可能的应急措施后撤离危险区域。

③立即按照有关规定和程序报告本单位有关负责人，该负责人应立即将事故发生的时间、地点、当前状态等简要信息向所在地县级以上地方人民政府负有安全生产监督管理职责的有关部门报告，并按照规定及时补报、续报有关情况；情况紧急时，事故现场人员可以直接向有关部门报告；对可能引发次生事故灾害的，应及时向相关主管部门报告。

④研判事故危害及发展趋势，企业应将可能危及周边生命、财产、环境安全的危险性和防护措施等告知相关单位与人员；遇有重大紧急情况时，应立即封闭事故现场，并通知本单位从业人员和周边人员疏散，采取转移重要物资、避免或减轻环境危害等措施。

企业应请求周边应急救援队伍参加事故救援，维护事故现场秩序，保护事故现场证据。准备事故救援技术资料，并做好向所在地人民政府负有安全生产监督管理职责的部门移交救援工作指挥权的各项准备。

（3）应急评估

企业应对应急准备、应急处置工作进行评估。

矿山、金属冶炼等企业，生产、经营、运输、储存、使用危险物品或处置废弃危险物品的企业，应每年进行一次应急准备评估。

完成险情或事故应急处置后，企业应主动配合有关组织开展应急处置评估。

7）事故管理

（1）报告

企业应建立事故报告程序，明确事故向内外部报告的责任人、时限、内容等，并教育、指导从业人员严格按照规定的程序报告发生的生产安全事故。

企业应妥善保护事故现场和相关证据。

事故报告后又出现新情况的，应及时补报。

（2）调查和处理

①企业应建立内部事故调查和处理制度，并按照有关规定、行业标准和国际通行做法，将造成人员伤亡（轻伤、重伤、死亡等人身伤害和急性中毒）和财产损失的事故纳入事故调查和处理范畴。

企业在事故发生后，应及时成立事故调查组，明确职责与权限，进行事故调查。事故调查应查明事故发生的时间、经过、原因、波及范围、人员伤亡情况及直接经济损失等。

事故调查组应根据有关证据、资料，分析事故的直接、间接原因和事故责任，提出应吸取的教训、整改措施和处理建议，并编制事故调查报告。

②企业应开展事故案例警示教育活动，认真吸取事故教训，落实防范和整改措施，防止类似事故再次发生。

企业应根据事故等级，积极配合当地人民政府开展事故调查。

（3）管理

①企业应建立事故档案和管理台账，将承包商、供应商等相关方在企业内部发生的事故纳入本企业事故管理。

②企业应按照现行国家标准 GB 6441、GB/T 15499 的有关规定和国家、行业确定的事故统计指标，开展事故统计分析工作。

8）持续改进

（1）绩效评定

①企业每年应对安全生产标准化管理体系的运行情况至少进行一次自评，以验证各项安全生产制度措施的适宜性、充分性和有效性，检查安全生产和职业卫生管理目标、指标的完成情况。

②企业主要负责人应全面负责组织自评工作，并将自评结果向本企业所有部门、单位和从业人员通报。自评结果应形成正式文件，并作为年度安全绩效考评的重要依据。

③企业应落实安全生产报告制度，定期向业绩考核等有关部门报告安全生产情况，并公示相关信息。

企业一旦发生生产安全责任死亡事故，就应重新进行安全绩效评定，全面查找安全生产标准化管理体系中存在的缺陷。

（2）持续改进

企业应根据安全生产标准化管理体系的自评结果、安全生产预测预警系统所反映的趋势以及绩效评定情况，客观分析企业安全生产标准化管理体系的运行质量，及时调整、完善相关制度文件和过程管控，并持续改进，不断提高安全生产绩效。

2.2.2　露天矿山安全生产标准化建设内容

现行国家标准《企业安全生产标准化基本规范》（GB/T 33000）在企业安全生产标准化实践中发挥着积极的推动作用：一是为有关行业制修订安全生产标准化标准、评定标准提供参考；二是全面深化开展安全生产标准化相关工作，指导和规范广大企业自主推进安全生产标准化建设，提升安全生产标准化建设水平；三是引导企业逐步建立起一套自主创建、持续改进的安全生产管理体系，以促进企业科学和安全发展。

2016 年 8 月，国家安全生产监督管理总局第 3 号公告批准了 25 项安全生产行业标准，并明确自 2017 年 3 月 1 日起施行。此次公告，通过了 13 项关于金属非金属矿山的行业标准，具体见表 2.1。

表 2.1　金属非金属矿山的 13 项行业标准

序号	标准编号	标准名称	代替标准号	实施日期
1	AQ/T 2050.1—2016	金属非金属矿山安全标准化规范 导则	AQ 2007.1—2006	2017-03-01
2	AQ/T 2050.2—2016	金属非金属矿山安全标准化规范 地下矿山实施指南	AQ 2007.2—2006	2017-03-01
3	AQ/T 2050.3—2016	金属非金属矿山安全标准化规范 露天矿山实施指南	AQ 2007.3—2006	2017-03-01
4	AQ/T 2050.4—2016	金属非金属矿山安全标准化规范 尾矿库实施指南	AQ 2007.4—2006	2017-03-01
5	AQ/T 2050.5—2016	金属非金属矿山安全标准化规范 小型露天采石场实施指南	AQ 2007.5—2006	2017 03 01
6	AQ/T 2051—2016	金属非金属地下矿山人员定位系统通用技术要求		2017-03-01
7	AQ/T 2052—2016	金属非金属地下矿山通信联络系统通用技术要求		2017-03-01
8	AQ/T 2053—2016	金属非金属地下矿山监测监控系统通用技术要求		2017-03-01
9	AQ 2054—2016	金属非金属矿山在用主通风机系统安全检验规范		2017-03-01
10	AQ 2055—2016	金属非金属矿山在用空气压缩机安全检验规范 第 1 部分：固定式空气压缩机		2017-03-01
11	AQ 2056—2016	金属非金属矿山在用空气压缩机安全检验规范 第 2 部分：移动式空气压缩机		2017-03-01
12	AQ 2057—2016	金属非金属矿山在用货运架空索道安全检验规范		2017-03-01
13	AQ 2058—2016	金属非金属矿山在用矿用电梯安全检验规范		2017-03-01

依据《金属非金属矿山安全标准化规范 导则》（AQ/T 2050.1—2016）和《金属非金属矿山安全标准化规范露天矿山实施指南》（AQ/T 2050.3—2016），金属非金属露天矿山安全生产标准化系统包含以下 14 项内容。

①安全生产方针与目标；

②安全生产法律法规与其他要求；

③安全生产组织保障；

④危险源辨识与风险评价；

⑤安全教育与培训；

⑥生产工艺系统安全管理；

⑦设备设施安全管理；

⑧作业现场安全管理；

⑨职业卫生管理；

⑩安全投入、安全科技与工伤保险；

⑪安全检查与隐患检查；

⑫应急管理；

⑬事故、事件报告、调查与分析；

⑭绩效测量与评价。

下面分别对上述 14 项核心内容进行说明。

1）安全生产方针与目标

（1）方针

①方针的制订。

a.企业应制订安全生产方针，并由主要负责人签发。

b.企业制订安全生产方针时，应考虑法律法规要求和企业的风险特点。

②方针的内容。

a.方针应简明扼要地阐明企业安全生产总目标。

b.方针的内容主要体现在：遵守法律法规、企业风险特点、预防伤害和疾病、持续改进安全绩效。

③方针的沟通与传达。

a.制订方针的过程中，企业应充分听取员工的意见与建议。

b.企业应通过适当的方式向员工传达所制订的方针，并使所有员工熟悉和理解。

c.企业应在生产经营场所的显著位置展示安全生产方针的内容。

④方针的评审与修订。

a.企业应定期对方针内容进行评审。

b. 企业应根据内外部条件的变化，及时对方针内容进行修订，以确保其适宜性。

（2）目标

①目标的设立。

a. 企业应设立文件化的安全生产目标。

b. 企业的安全生产目标应符合下列规定：不能仅有事故指标；体现企业的风险特点；体现安全绩效的持续改进；可测量并可实现。

②目标的实施。

a. 企业应制订目标实现计划，并保障实现目标所需的资源。

b. 企业应定期对目标的完成情况进行跟踪监测。

c. 企业应根据监测结果和内外部条件的变化，对目标进行修订。

2）安全生产法律法规与其他要求

（1）需求识别与获取

①企业应建立有效途径，及时获取员工或部门对安全生产法律法规及其他要求的需求。

②企业应确定渠道，识别、获取影响本单位安全生产的法律法规与其他要求，其中包括法律、法规、规章、标准及规范性文件等。

（2）融入

①企业应将识别并获取的安全生产法律法规与其他要求，融入所制订的责任制、规章制度、作业指导书、应急预案、培训内容、日常安全活动等。

②企业应对受安全生产法律法规与其他要求影响的人员进行专项培训，确保其熟悉相关规定。

③企业应对受安全生产法律法规与其他要求影响的人员，发放安全生产法律法规与其他要求的材料，或为其建立获取途径。

（3）评审与更新

①企业应确保对安全生产法律法规与其他要求的变化进行识别、获取、评审与更新。

②企业应确保使用的安全生产法律法规与其他要求的有效性。

3）安全生产组织保障

（1）安全生产责任制

①责任制的建立：

a. 企业应建立所有岗位的安全生产责任制，明确主要负责人、管理人员和各岗位作业人员的安全生产责任。

b. 安全生产责任的描述应具体、简明、界定清晰且能考核。

②责任制的内容：

A. 企业各级各类人员的安全生产职责应符合安全生产法律法规与其他要求。

B. 企业主要负责人应对本企业的安全生产工作全面负责，其安全生产职责应包括以下内容：

a. 组织制订企业安全生产责任制；

b. 组织制订企业安全生产规章制度和操作规程；

c. 保证安全生产投入的有效实施；

d. 督促、检查安全生产工作，及时消除安全生产事故隐患；

e. 组织制订安全生产事故应急预案，并定期组织演练；

f. 及时、如实报告安全生产事故；

g. 组织制订安全生产方针与目标；

h. 主持召开安全生产委员会或安全生产领导机构会议，讨论并决定企业安全生产重大事项；

i. 定期听取员工对安全生产工作的意见和建议；

j. 每年至少组织开展一次标准化系统的管理评审；

k. 组织开展企业安全文化创建活动，并公示对履行安全生产职责的承诺；

l. 定期向职代会或员工代表大会汇报安全生产工作情况；

m. 安全生产法律法规与其他要求规定的其他职责。

C. 企业主要负责人和管理层人员应以实际行动履行对安全生产的承诺。

③责任制的沟通与评审：

a. 企业应对安全生产责任制进行详细说明和交流，确保各岗位人员（特别是管理层人员）对本岗位的安全生产责任充分理解。

b. 安全生产责任制应定期评审，并根据需要予以更新。

（2）安全机构设置与人员任命

①安全管理机构。

a. 企业应按照安全生产法律法规与其他要求，设置安全生产管理机构或配备专职安全生产管理人员。

b. 企业安全生产管理人员应具备相应的意识、知识和能力。

c. 主要负责人应在最高管理层中指定安全标准化系统的专门负责人，以确保企业安全标准化系统的建立、实施、保持及持续改进。

②安全生产委员会。

A. 企业应根据自身的状况和需求，设立符合下列要求的安全生产委员会：

a. 委员会主任、副主任和委员均应书面任命，并明确其相应的职责；

b. 委员会成员应接受安全培训，且具备履行职责的能力；

c. 委员会成员应包括员工代表。

B. 委员会每季度至少召开一次会议，传达、学习上级有关安全生产的规定和文件，讨论企业重大安全生产问题并形成决议。委员会会议决议应作为纪要并由主任签发。委员会应检查和监督会议决议的落实情况。

C. 委员会应定期组织成员进行现场安全检查与隐患排查，听取并讨论员工对安全生产工作的意见和建议。

D. 企业应确保所有员工都了解委员会的组织机构、成员构成及其主要职责。

③特殊职位人员任命。

a. 企业的安全管理、健康监护、应急救援等特殊职位人员，应由主要负责人书面任命。

b. 被任命的人员应接受相关培训，且具备必要的知识和能力。

（3）班组安全建设和员工参与

①企业应建立健全班组安全建设管理制度，明确班组安全建设内容和要求，组织开展安全标准化班组创建活动，并为班组安全建设提供必要的资源。

②班组安全管理制度应至少包括班前、班后会和交接班、现场文明生产、安全活动日、班组学习培训、事故（事件）报告和处置、安全检查与隐患排查、互保联保、合理化建议等制度。

③班组应定期或不定期地开展学习培训、危险预知、事故回顾、安全文化、定置管理、现场应急处置方案演练等活动。

④企业应建立员工权益保障制度，确保员工关心的问题得到积极响应和有效解决，特别是保证员工在安全状况异常的情况下拒绝工作而不会受处罚。

⑤企业应确保员工或员工代表参与安全活动，并建立收集、反馈员工关注的安全生产事项的渠道。

（4）文件与资料控制

①文件控制要求。

a. 企业应建立文件控制的管理制度，确保安全生产规章制度产生、使用、评审、修订和控制的效力与效率。

b. 企业应定期或不定期地对安全生产规章制度进行评审，必要时予以修订或废除。

c. 安全生产规章制度应能被有需要的人员获取。

②安全规章制度。

a. 企业应根据安全生产法律法规与其他要求，并结合自身的安全生产特点和机构设置情况，建立健全安全生产规章制度。

b. 企业安全生产规章制度至少应包括安全例会制度、安全检查与隐患排查制度、职业病危害防治制度、安全教育培训制度、事故和事件管理制度、重大危险源监控制度、设备设施安全管理制度、危险物品管理制度、许可作业审批制度、特殊工种管理制度、应急管理制度、安全生产档案管理制度和安全生产奖惩制度。

③安全记录。

A. 企业应依据安全生产法律法规与其他要求和自身安全标准化系统要求，保存主要安全生产过程、事件、活动的记录，并确保对记录的有效控制。

B. 安全记录应符合下列规定：

a. 内容真实、准确、清晰；

b. 填写及时、签署完整；

c. 编号清晰、标识明确；

d. 易于识别与检索；

e. 完整地反映相应过程；

f. 明确保存期限。

（5）外部联系与内部沟通

①外部联系。

a. 企业应建立外部联系渠道，明确职责，确保与外界就相关安全生产事项进行及时有效的联系。

b. 企业应采用文件化的形式，及时向外界披露重大安全生产事项，特别是可能影响周围居民及其他相关方的安全生产事项。

②内部沟通。

a. 企业应建立文件化的内部沟通制度，明确沟通的方式、时机、内容、职责及信息处理等。

b. 主要负责人应定期与员工就安全问题进行沟通。

c. 企业应召开安全生产事项讨论会，收集员工关心的问题，并及时处理。

d. 企业应制订合理化建议制度，听取员工和相关方的意见及建议。合理化建议制度应有效地执行，以确保管理层以公平的方式来评审各项建议。

（6）系统管理评审

①企业管理层应定期组织管理评审，评价本企业安全标准化系统的实施情况，并识别不足和需要改进的事项。

②管理评审应建立在真实反映企业安全管理状态的有效信息之上，并重点关注以下内容：

a. 监测与检测记录；

b. 以前评审的跟踪结果；

c. 影响标准化系统的变化；

d. 纠正与预防措施制定及实施的有效性；

e. 事故、事件统计分析；

f. 员工和相关方的意见和建议；

g. 目标完成情况；

h. 标准化系统覆盖范围的充分性；

i. 标准化系统内部的评价报告；

j. 实施标准化系统的资源保障情况；

k. 持续风险识别结果。

③管理评审的过程应文件化，评审结果应与责任人、员工及相关方沟通，并确保依据评审结果制订的行动计划得到有效实施。

④企业应保存管理评审的记录。

（7）供应商与承包商管理

①供应商的选择与管理。

a. 企业应建立供应商的管理制度，确保供应商的能力满足企业要求。

b. 企业应确定符合要求的供应商，并保存与批准过程相关的记录。

c. 企业应对供应商的供应过程实施有效控制。

d. 供应商在企业现场活动时，均应遵守企业的安全规定。

②承包商的选择与管理。

a. 企业应建立承包商的管理制度，将承包商的安全生产管理纳入企业管理体系。

b. 企业应确定符合要求的承包商，并保存与批准过程相关的记录。

c. 企业应识别承包商工作给企业带来的风险，并在允许承包商的员工使用企业的设备设施前，对其进行培训。

d. 企业应对承包商的服务过程实施检查，以识别及控制对承包商造成的风险。

（8）安全认可与奖励

①企业应建立员工安全表现的认可与奖励制度。

②企业应确保所有员工均能参与个人的认可过程。

③企业应通过公告牌或电子信息媒介，展示员工安全表现的各种信息。

4）危险源辨识与风险评价

（1）一般要求

①企业应建立危险源辨识与风险评价制度，辨识各类危险源可能的危险模式及其可能导致的后果，并定性或定量评价危险模式的风险。企业要特别关注重大危险源的风险。

②企业应确保不同层面员工参与危险源辨识与风险评价过程。

③危险源辨识与风险评价应考虑所有的活动、设备、设施、人员和管理，主要包括以下内容：

a. 正常和非正常的情况;

b. 现在和将来的生产活动;

c. 内部和外部因素的变化。

④危险源辨识与风险评价的结果应文件化,并定期进行危险源辨识与风险评价回顾。

（2）方法与流程

①选择与企业相适应的危险源辨识与风险评价方法,并确保方法的适应性、一致性、可重复性及可评价性。

②危险源辨识与风险评价方法应能提供充足的信息。

③危险源辨识与风险评价应包括以下过程:

a. 划分危险源辨识与风险评价单元;

b. 分单元进行危险源辨识,确定可能的危险模式;

c. 定性或定量评价危险模式的风险,并确定其风险等级;

d. 依据危险模式的最高风险等级,确定单元的风险等级;

e. 针对危险模式和风险等级,提出风险控制措施。

④危险源辨识与风险评价单元的划分应遵守下列原则:

a. 以工艺流程或作业活动为基础;

b. 考虑设备的平面及空间布置,将主体生产设备及其周边辅助设备设施划归同一单元;

c. 兼顾生产作业与安全管理需要,同一岗位作业范围内可以有多个单元,但同一单元不得分属两个或两个以上作业岗位管辖;

d. 独立的设备设施,如边坡、排土场、油库、锅炉房、仓库、变电站等,可划归一个单元。

⑤风险控制措施的确定,应遵循下列原则:

a. 消除;

b. 替代;

c. 工程控制、隔离;

d. 管理措施;

e. 个人防护。

当员工安全健康与财产保护发生矛盾时,应优先考虑确保员工安全健康的措施。

（3）风险评价

①企业应进行初始风险评价,评价过程应综合考虑以下内容:

a. 生产工艺过程风险;

b. 危险物质风险;

c. 设备设施风险;

d. 环境风险;

e. 职业卫生风险；

f. 管理风险；

g. 法律法规、标准的需求；

h. 相关方的观点。

②企业应持续地进行风险评价，及时处理重大风险。

③持续风险评价常用方法包括以下几种：

a. 使用前检查；

b. 计划任务观察；

c. 设备检查；

d. 工前危险预知；

e. 交接班检查；

f. 定期安全检查；

g. 定期检修；

h. 安全标准化系统评价。

④风险评价结果应包括单元可能的危险模式、事故类型、事故后果、风险等级、控制措施等。

⑤企业应依据风险评价结果，进行风险分级管理。

（4）关键任务、许可作业和任务观察

①关键任务识别与分析。

a. 企业应建立关键任务识别与分析制度，并完成关键任务风险分析。

b. 企业应根据关键任务风险分析结果，编写作业指导书。指导书应简明扼要，突出关键步骤及要求。

②许可作业管理。

a. 企业应确定需经许可方可进行作业的范围，并对许可签发人进行培训和能力评估。

b. 企业应定期对许可作业的范围进行评审与更新。

③任务观察。

a. 企业应建立任务观察制度，并对从事任务观察工作的人员进行观察方式、方法的培训。

b. 企业应保存任务观察记录。

5）安全教育与培训

（1）员工安全意识

①意识的辨识与输入。

a. 企业应对员工的安全意识进行辨识，考查其对安全健康问题的掌握与熟悉程度。

b.新员工在聘用后应先接受安全意识的教育，并接受对其安全情况进行的重点跟踪。

c.当工艺流程发生变化时，员工应对工作现场特定要求进行回顾。

d.当员工脱离工作岗位超过规定时间时，应进行工作现场特定要求的回顾。

e.管理层的特定意识应与其个人的安全管理职责相适应。

②意识提升。

a.企业应建立监测、跟踪意识提升及深层次意识培养的需求机制，并确保该机制能够有效运行。

b.企业应制订全员安全意识宣传计划，并利用各种视听资料提高全员的安全意识。

（2）培训

①需求识别与分析。

A.企业应识别、分析培训需求。

B.培训需求的识别应针对所有员工和所有作业过程，并充分考虑以下内容：

a.安全生产法律法规与其他要求；

b.员工和管理层的意见和建议；

c.技术发展的需要；

d.变化管理的要求；

e.危险源辨识与风险评价结果；

f.相关方的要求。

②培训要求。

a.企业应针对已识别的培训需求，制订培训计划，并按计划实施培训。

b.企业应保存所有培训过程和结果的记录。

③培训评审。

A.企业应建立培训的适宜性评估机制，对培训数量与培训效果等进行评估。

B.评估的途径应包括以下几种：

a.学员反馈；

b.绩效改善的调查；

c.管理层反馈；

d.测试结果的分析；

e.现场应用能力的跟踪。

6）生产工艺系统安全管理

（1）设计要求

①企业应制订设计管理制度，对设计质量进行有效控制。

②企业应保证建设项目的安全设施与主体工程同时设计、同时施工、同时投入生产和

使用。

③设计应充分考虑危险源辨识与风险评价结果，并按照规定进行审批。

④企业应妥善保存设计文件和图纸，其中包括地形地质图、采剥工程总平面布置图、开拓系统图、防排水系统及排水设备布置图、开采终了平面图等。

⑤在施工组织设计方面，基建期应由施工单位编制，而生产期可由矿山企业自行编制。

（2）采矿工艺

①企业应建立采矿工艺管理制度，应确保以下几点：

a. 采用的开采顺序、开采方式和台阶参数适合揭露的矿体地质条件；

b. 设备、设施之间相互匹配，并满足工序要求；

c. 各工序之间相互匹配，并满足企业生产要求；

d. 开采范围在许可证划定的范围内。

②企业应按照适当的回采顺序进行回采，应做到以下几点：

a. 按规定保留矿（岩）柱和挂帮矿；

b. 台阶高度、台阶坡面角、最终边坡角和工作平台宽度符合设计规定；

c. 设备、设施和工序之间相互匹配；

d. 在规定的范围内开采。

（3）生产保障系统

①企业应建立生产保障系统管理制度，该制度应重点关注运输、排土、供配电、防雷、防排水和防灭火等系统。

②运输线路条件应符合设计和相关规程要求，运输能力应满足生产要求，且运行可靠。

③企业应合理选择排土场的位置，并确保排土场可能产生的滚石、滑坡和泥石流等危害得到有效控制。排土工艺参数应符合设计要求，排土能力应满足生产要求。

④电气设备和线路应设有可靠的防雷、接地装置；移动式电气设备应使用矿用橡套电缆；供电电缆的敷设应符合安全要求，保持绝缘良好，不与金属管（线）和导电材料接触，在横过道路、铁路时，有可靠的防护措施；各级配电标准电压应符合现行国家标准 GB 16423、GB 50070 等的规定；有淹没危险的采矿场主排水泵的供电线路，应不少于两回路。

⑤企业应按设计要求建立防排水系统，其能力应满足防排水要求。

⑥企业应按现行国家标准 GB 50016 和其他有关规定，以及消防部门的要求，建立健全消防设施，配备足够的消防设备和器材。

（4）变化管理

①企业在生产工艺变化前，应经过评审与批准。

②在实施变化前，企业应进行危险源辨识与风险评价。

③企业应确保变化管理所需的制度和资源得到充分利用。

④变化的相关资料应完整移交。

7）设备设施安全管理

（1）基本要求

①企业应建立设备安全管理制度，以有效控制设备的规划、采购、安装（建设）、调试、验收、使用、维护和报废过程。

②企业应建立设备管理台账，保存设备原始技术资料、图纸和记录。

③企业在采用新技术、新工艺、新设备和新材料前，应进行充分的安全论证。

（2）设备设施维护

①企业应建立设备设施维护制度，并为设备设施维护提供足够的资源。

②企业应识别设备设施可能的故障类型，制订设备设施的维护计划。

③设备设施的维护计划应重点关注以下内容：

a. 排水系统；

b. 穿孔设备；

c. 铲装设备；

d. 装药设备；

e. 运输系统；

f. 排土系统；

g. 供配电系统；

h. 应急救援系统；

i. 仪器仪表；

j. 备用设备。

④企业在进行设备设施维护时，应识别异常情况，做好维护记录。

⑤企业应定期跟踪、监督设备设施的维护情况，并及时评审和更新系统。

（3）检测检验

①企业应根据法律法规与其他要求，以及危险源辨识和风险评价的结果，列出需要检测检验的设备设施、仪器、仪表和器材清单。

②企业应按规定对设备设施进行检测检验，并保存检测检验过程和结果的记录。

8）作业现场安全管理

（1）作业环境

①开采境界。

a. 露天矿边界应设置可靠的围栏或醒目的警示标志。

b. 应确保露天矿边界上 2 m 范围内，无可能危及人员安全的植物和不稳固的矿岩等。

c. 应确保露天矿边界上覆盖的松散岩土层处于稳定状态。

②采场。

a. 采场应有安全可靠的人行通道。

b. 边坡上的浮石应及时清理干净。

c. 采场最终边坡应按设计确定的宽度预留安全平台、清扫平台和运输平台。

d. 采场内的所有电力线路，应按现行国家标准 GB 16423 的规定敷设整齐，无乱搭乱接现象。

e. 采场道路和爆破堆应经常洒水降尘。

③照明。

A. 夜间工作时，所有作业点及危险点均应有足够的照明。

B. 夜间工作的采矿场和排土场，在下列地点应设照明装置：

a. 凿岩机、移动式或固定式空气压缩机和水泵的工作地点；

b. 运输机道、斜坡卷扬机道、人行梯和人行道；

c. 汽车运输的装卸车处、人工装卸车地点的排土场卸车线；

d. 调车站、会让站。

C. 照明使用的电压为 220 V，而行灯或移动式照明灯具的电压应不高于 36 V。

④安全标志。

a. 企业应建立安全标志管理制度。

b. 要害岗位、重要设备和设施及危险区域，应根据其可能出现的事故模式，设置相应的、符合现行国家标准 GB 2894、GB 14161 要求的安全标志。

c. 开采境界内的钻孔、废弃巷道、采空区、溶洞、陷坑、泥浆池和水仓应加盖或设置栅栏，并设置明显的安全标志。

（2）作业过程

①一般要求。

a. 企业应建立交接班制度，做好交接班记录。

b. 在发现潜在的或已发生的危及作业人员安全的状况时，作业人员在交接班时应交代清楚，并做好记录。

c. 作业人员在进入作业现场之前，应按规定佩戴个人防护用品。

d. 作业人员在作业前应先检查作业场所和设备设施的安全状况，发现异常及时处理。

e. 作业人员应按照操作规程或作业指导书的要求进行作业。

②穿孔作业。

a. 孔网参数应符合设计要求，严禁打残眼。

b. 穿孔作业应采用湿式作业或采取其他有效防尘措施。

c. 钻机稳车、行走时，钻机与台阶坡顶线之间的距离应符合现行国家标准 GB 16423 的规定。穿凿第一排孔时，钻机的中轴线与阶段边缘线的夹角不得小于 45°。

d. 钻机作业或起落钻架时，其平台上不应有人，非操作人员不应在其周围可能危及人身安全的区域内滞留。钻机移动时，机下应有人引导和监护。

e. 钻机与下部台阶接近坡底线的电铲不应同时作业。

③爆破作业。

a. 企业应有严格的爆破器材管理、领用和清退登记制度。

b. 爆破作业应遵守现行国家标准 GB 6722 的规定，并按照批准的爆破设计书或爆破说明书进行爆破。

c. 在最终边坡附近爆破时，应采用控制爆破和采取减震措施。

d. 爆破工作开始前，爆破员应确定危险区的边界，并设置明显的标志和岗哨，爆破前应有明确的警戒信号。

e. 在爆破危险区域内有两个以上的单位（作业组）进行露天爆破作业时，应统一指挥。

f. 爆破后，爆破员应按规定的等待时间进入爆破地点，检查有无危石、盲炮等现象，如果有，应及时进行处理，只有确认爆破地点安全后，才能准许人员进入爆破地点。

g. 每次爆破后，爆破员应认真填写爆破记录。

④铲装作业。

A. 挖掘机、前装机作业和行走时，应做到以下几点：

a. 发现悬浮岩块或崩塌征兆、盲炮等情况，立即停止作业，并将设备移至安全地带；

b. 悬臂和铲斗下面及工作面附近无人停留；

c. 上、下台阶同时作业的挖掘机，要沿台阶走向错开一定的距离；

d. 挖掘机平衡装置外形的垂直投影到台阶坡底的水平距离符合现行国家标准 GB 16423 的规定；

e. 挖掘机在作业平台的稳定范围内行走，并有专人指挥；

f. 铲斗不从车辆驾驶室上方通过。

B. 推土机作业和行走时，应做到以下几点：

a. 刮板不超出平台边缘；

b. 距离平台边缘小于 5 m 时，低速运行；

c. 不以后退方式开向平台边缘；

d. 人员不站在推土机上或刮板架上。

⑤运输作业。

A. 铁路运输作业，应遵守下列规定：

a.列车运行速度应满足在准轨铁路 300 m、窄轨铁路 150 m 的制动距离内停车的要求；

b.同一调车线路上禁止两端同时调车，采取溜放方式调车时，有相应的安全制动措施；

c.故障排除和停车信号撤除前，列车不在故障线路区域运行。

B. 道路运输作业，应遵守下列规定：

a.严禁超载运输；

b.不用自卸汽车运载易燃、易爆物品；

c.装车时，不检查、维护车辆，驾驶员不离开驾驶室，不将头和手臂伸出驾驶室外；

d.车辆在急弯、陡坡、危险地段限速行驶；

e.不采用溜车方式发动车辆，下坡行驶时不空挡滑行；

f.在坡道上停车时，司机不离开，使用停车制动并采取安全措施；

g.在大雾、暴风雨（雪）等恶劣天气条件下，驾驶员应严格控制行车速度，并保持适当车距。

C. 带式输送机运输作业，应遵守下列规定：

a.任何人员均不得乘坐非乘人带式输送机；

b.禁止运送除规定物料以外的其他物料，包括设备和过长的材料；

c.输送机在运转时，不注油、检查和修理。

D. 架空索道运输作业遇有八级或八级以上大风时，应停止索道运转和线路上的一切作业。

E. 斜坡卷扬运输作业，应遵守下列规定：

a.作业前检查阻车器、防止跑车装置、限速保护装置、短路及断电保护装置、过卷保护装置、过速保护装置、过负荷及无电压保护装置、卷扬机操纵手柄与安全制动之间的联锁装置、信号联络装置及信号闭锁装置等；

b.调整卷扬钢丝绳，应空载、断电进行，并用工作制动。

F. 溜槽、平硐溜井运输作业，应遵守下列规定：

a.溜矿时，溜槽底部接矿平台周围无人；

b.溜井发生堵塞、塌落、跑矿等事故时，事故处理人员待其稳定后再查明事故的地点和原因，并采取处理措施；事故处理人员不从下部进入溜井；

c.溜井积水时，不卸入粉矿，并暂停放矿。

⑥排土作业。

A. 汽车运输的卸排作业，应遵守下列规定：

a.汽车排土作业时，有专人指挥；进入作业区内的工作人员、车辆、工程机械应服从指挥人员的指挥；

b.在排土场边缘，推土机不沿平行坡顶线方向推土；

c. 在同一地段进行卸车和推土作业时，设备之间必须保持足够的安全距离；

d. 排土场作业区内因烟雾、粉尘、照明等因素致使驾驶员视距小于 30 m 或遇暴雨、大雪、大风等恶劣天气时，停止排土作业。

B. 铁路运输卸排作业，应遵守下列规定：

a. 运行中不卸载（曲轨侧卸式和底卸式除外）；

b. 卸车完毕，在排土人员发出出车信号后，列车方可驶出排土线。

C. 排土犁推排作业时，推排作业线上、排土犁犁板和支撑机构上，不站人。

D. 单斗挖掘机排土时，受土坑的坡面角不大于 60°，不超挖卸车线路基。

E. 人工排土时，禁止人员站在车架上卸载或在卸载侧处理粘车。

⑦边坡管理。

a. 大、中型或边坡潜在危害性大的矿山，应建立健全边坡管理和检查制度，并对边坡进行定点定期观测。技术管理部门及时整理边坡观测资料，指导采场安全生产。

b. 处理和检查的工作人员应佩戴安全带。

c. 采场或排土场出现滑坡征兆时，应停止危险区作业，撤离人员，禁止人员和车辆通行，并及时处理。对重点边坡部位和有潜在滑坡的地段，应综合或分别采用挡墙、削坡、减载、抗滑柱、杆铺，以及锚索和护坡进行局部加固。

d. 应采取措施防止地表水渗入边坡岩体的软弱结构面或直接冲刷边坡。边坡岩体存在含水层并影响边坡稳定时，应采取疏干降水措施。

（3）劳动防护用品

①需求识别。

a. 企业应根据现行国家标准 GB/T 11651 的规定和危险源辨识与风险评价结果，确定劳动防护用品的需求。

b. 企业应建立特殊劳动防护用品清单。

②提供程序。

a. 企业应为员工发放符合要求的劳动防护用品，并提供穿戴、使用的培训。

b. 企业应确保劳动防护用品被正确地使用与维护。

③检查与维护。

a. 企业应建立检查、维护和存放劳动防护用品的系统，保证劳动防护用品的使用功能。

b. 企业应定期评估劳动防护用品使用的依从水平。

c. 企业应保存劳动防护用品的发放、使用和维护记录。

9）职业卫生管理

（1）健康监护

①企业应建立健康监护制度，并安排具有相应能力的人员负责健康监护管理工作。

②企业应根据安全生产法律法规与其他要求、危险源辨识与风险评价结果，以及对日常监测数据的统计分析制订年度健康监护计划，并严格执行计划。

③企业应按照相关规定，做好员工上岗前和离岗时的健康监护工作。

④企业应根据现行国家标准 GBZ 188 的规定，建立健全相关作业人员的健康监护档案。

（2）设施及服务

①企业应按照法律法规与其他要求配备职业卫生设施，职业卫生设施应做到"三同时"。

②职业卫生服务应满足认定的职业病危害风险要求。

③医疗设备应进行维护及校验。

④职业卫生设施应进行维护。

⑤工作场所应设置足够的急救箱，并按标准和风险放置急救用品，急救箱由专人管理并定期更新急救用品。负责管理急救箱的人员应经过培训，且具备履行急救职责的能力。急救箱的位置应有明显标识，并明示急救箱专管人员的姓名与联系方式。

（3）职业病危害控制

①企业应建立职业病危害防治制度。

②企业应按照现行国家标准 GBZ 158 的规定，在工作场所设立职业病危害警示标识，并做好职业病危害告知工作。

③企业应对识别出的职业病危害因素实施有效控制，在控制方法的选择上，应突出预防性，并遵循下列原则：消除；替代；工程控制、隔离；管理控制；个体防护。

④企业应对员工进行有关职业病危害的专门培训，使其具备职业病危害防治所需的意识、知识和能力。

（4）职业卫生监测

①企业应对识别出的职业病危害因素实施有效监测，其中包括粉尘、噪声、高温、振动、辐射和有毒有害气体等，监测结果应记录并存档。

②企业应制订监测计划，并确保其被有效执行。

10）安全投入、安全科技与工伤保险

（1）安全投入

①企业主要负责人应确保安全生产所需的投入，并对因投入不足所导致的后果负责。

②企业应按规定提取安全生产费用，改善安全生产条件，提高安全管理水平和本质安全水平。

（2）安全科技

①企业应结合自身工艺及生产过程的风险特点，主动研究与应用安全生产实用技术。

②安全技术创新与应用应重点关注以下几点：

a. 先进实用的安全管理方法；

b. 安全新产品、新技术、新工艺、新材料；

c. 企业重大危险源监测、预警与控制技术；

d. 政府安全监督管理部门推荐的安全技术与装备。

（3）工伤保险

①企业应根据法律法规与其他要求，完善员工的工伤保险和（或）安全生产责任保险管理制度。

②企业依法参加工伤社会保险和(或)安全生产责任保险，并为员工缴纳相关保险费用。

11）安全检查与隐患排查

（1）一般要求

①企业应制订安全检查与隐患排查管理制度，确保所进行的安全检查与隐患排查覆盖企业所有的作业场所、活动、设备设施、人员和管理等方面，以确保企业的安全。

②企业应建立健全安全检查与隐患排查的信息收集、传递、处理和反馈渠道。

③企业应对所有执行安全检查与隐患排查的人员进行专门培训，以确保其熟练掌握安全检查与隐患排查的方法、程序、内容和技巧，具备履行安全检查与隐患排查职责的能力。

④企业应遵循下列原则，建立健全各级各类安全检查与隐患排查的检查表：

a. 根据危险源辨识结果，确定重点检查部位与环节；

b. 检查对象明确、检查内容全面、检查标准具体；

c. 文字精练，含义准确。

⑤在安全检查与隐患排查发现的问题未彻底解决前，应制订并实施有效的临时措施，以避免隐患被触发引起事故。

⑥企业应定期对安全检查与隐患排查的效果进行评审，并根据变化的情况，及时更新检查内容和方法。

⑦所有安全检查与隐患排查的过程与结果的记录，均应归档保存，并可获取。

⑧安全检查与隐患排查中发现的重大隐患，企业应及时上报地方政府安全生产监督管理部门。

（2）巡回检查

①企业应对负责进行巡回检查的人员及检查路线、时间作出规定。

②检查前应制作检查表，检查包括以下内容：

a. 违章指挥或现场管理的情况；

b. 安全着装及防护用品的使用状况；

c. 协同作业的统一指挥和信息联络情况；

d. 人员处于危险位置的情况；

e. 危险物品及能量处理状况；

f. 生产通道及作业场地情况；

g. 作业方法；

h. 遵章守纪情况；

i. 环境状况；

j. 高风险作业的危险预测预控情况。

（3）例行检查

①企业应根据自身的管理层级，明确上级管理机构对下级单位或部门的安全管理情况例行检查的周期。

②例行检查的内容应包括以下几点：

a. 规章制度落实情况；

b. 持续风险识别情况；

c. 安全培训工作开展情况；

d. 安全检查和隐患排查工作开展情况；

e. 安全会议（安全例会、安委会会议等）召开情况；

f. 应急管理工作开展情况；

g. 职业卫生管理情况；

h. 事故、事件报告、调查与分析情况；

i. 班组安全建设情况；

j. 安全文化建设情况；

k. 现场文明生产情况；

l. 违章违纪情况等。

（4）专业检查

①企业应根据安全生产法律法规与其他要求，列出需要进行专业检查的设备设施或系统清单。

②需要开展专业检查的对象一般包括以下几点：

a. 边坡；

b. 排土场；

c. 供配电与动力供应系统；

d. 排水系统；

e. 运输系统；

f. 紧急通信系统；

g. 爆破器材存放点；

h. 油库；

i. 其他重要设备和装置。

③专业检查可由企业的有关专业部门进行，必要时也可委托专业技术服务机构进行。

④专业检查应定期进行，一旦发现影响系统安全的重大隐患时，就应及时进行专业检查。

（5）综合检查

①综合检查的类型主要包括以下两种：

a. 节假日前的安全大检查；

b. 主管部门布置的安全大检查等。

②综合检查的内容一般包括以下几点：

a. 重大风险的控制情况；

b. 安全生产责任制的落实情况；

c. 安全生产法律法规与其他要求的执行情况；

d. 有关专项工作的开展情况；

e. 其他相关情况。

（6）纠正和预防措施

①企业应制订纠正和预防措施实施的保障制度，确保对安全标准化系统中出现的不符合标准的情况及时采取相应的措施。

②保障制度应明确规定：

a. 根据问题的严重程度，制订纠正和预防措施的实施计划；

b. 实施纠正和预防措施的责任部门和责任人；

c. 纠正和预防措施实施情况及其有效性的及时反馈与沟通要求；

d. 评审纠正和预防措施实施情况及其有效性的责任部门或责任人；

e. 纠正和预防措施实施记录的保存与管理要求。

12）应急管理

（1）应急准备

①认定紧急情况。

A. 企业应根据危险源辨识和风险评价结果，并考虑安全生产法律法规与其他要求，以及以往事故、事件和紧急状况的经验，认定潜在的紧急情况。

B. 认定紧急情况时，应特别关注以下几点：

a. 自然灾害：如洪水、暴风雨（雪）、泥石流、地震及台风等；

b. 火灾；

c. 爆炸；

d. 滑坡、坍塌。

②应急准备管理。

a. 企业应指定专人管理应急工作，并根据应急演练结果和企业内外部应急经验，及时完善应急准备工作。

b. 企业应定期评审与企业应急有关的外部应急部门，如消防、医疗部门等。

c. 企业应评审可能导致紧急情况的外部机构及其影响，如危险货物的供应商及其危险物品的类型、数量、位置信息等。

（2）应急预案

①企业应针对认定的紧急情况建立健全应急预案体系，其中包括综合预案、专项预案和现场应急处置方案。

②企业在编制应急预案时，应考虑以下几点：

a. 危险源辨识和风险评价结果；

b. 安全法律法规与其他要求；

c. 以往事故、事件和紧急状况的经验；

d. 企业现有的应急能力和应具备的应急能力；

e. 专业应急部门可以支援的应急能力；

f. 政府在应急管理中的作用等。

③应急预案的内容应符合现行国家标准 GB/T 29639 的规定。

（3）应急响应

①企业应根据事故或紧急情况确定预案启动条件，并按事先规定的响应级别实施应急响应。

②企业应确保有足够的应急支援能力。

（4）应急保障

①企业应建立和完善应急组织机构，并规定其职责及作用。企业在设立应急控制指挥中心时，应确保其具备必需的能力。

②企业应根据认定的紧急情况，组建应急响应队伍，其中包括以下几点：

a. 消防；

b. 医疗救护；

c. 搜索与救援；

d. 安全保卫；

e. 通信；

f. 抢修。

③企业应根据认定的紧急情况配备必要装备，其中包括以下几点：

a. 通信设备；

b. 急救用品；

c. 紧急备用电源、设备及物资；

d. 摄影设备；

e. 应急人员的识别标志；

f. 急救防护用品。

企业在配置应急装备时，应考虑外部可以支援的应急能力。

④企业应针对可能发生的紧急情况，识别外部应急资源。

⑤对于已识别的、可以利用的外部应急资源，应订立正式的相互支援协议。

（5）应急评审与培训、训练及演习

①应急评审。

A. 企业应定期评审和更新应急预案，确保所需的应急能力。

B. 评审的依据包括以下几点：

a. 紧急情况响应和应急演练结果；

b. 外部应急经验；

c. 设备设施或流程的变化情况。

C. 修订后的应急预案应及时发放给有关人员，并对其提供必要的培训。

②培训、训练及演习。

a. 企业应进行应急培训、训练及演习。

b. 培训和训练应针对应急队伍和全体员工进行。

c. 演习应根据认定的紧急情况，按预案进行。演习方式包括桌面演习、功能演习和全面演习。

13）事故、事件报告与调查

（1）报告

①企业应建立事故、事件报告制度，阐明事故、事件的定义、报告的内容、时间、方式及响应策略。

②企业应对报告的事故、事件进行登记建档，并定期审查，以确保所有的事故、事件均得到有效调查和处理。

（2）调查

①企业应建立事故、事件调查与跟踪制度，明确调查人员的组成以及沟通的方式、对象和时间。

②企业应考虑调查过程的专业技术需要，必要时聘请外部专家。

③在形成调查报告前，企业相关负责人应与所有涉事员工进行交流。

④调查应确保查明事件、事故的根本原因；调查报告应提出事故、事件的处理意见和

防范措施的建议。

⑤企业应对所有相关文件和资料进行整理，并归档保存。

（3）统计与分析

①企业应确定事故、事件统计指标及计算方法，并定期对事故、事件的发生情况进行统计分析，以探究事故、事件发生的原因和趋势。

②事故、事件分析的要点包括以下几点：

a. 事故发生时间规律分析；

b. 伤亡人员年龄结构分析；

c. 伤亡人员工作年限分析；

d. 原因分析；

e. 伤害率分析；

f. 事故费用分析；

g. 安全标准化系统缺陷分析。

③企业应对事故进行年度分析，以监测改进，并找出趋势。

（4）事故、事件回顾

①利用安全讲座引发讨论和学习，以吸取教训。

②回顾已发生事故的原因和防范措施。

③通过个案研究或展示促进了解，并鼓励讨论。

14）绩效测量与评价

（1）绩效测量

①企业应建立安全绩效监测和测量制度，监测和测量内容应包括以下几点：

a. 安全目标的实现；

b. 事故、事件；

c. 措施的执行情况；

d. 安全管理的依从性；

e. 安全标准化系统效力的持续改进。

②制度应明确测量的方法和频度。

③监测结果应与相关人员沟通并保存。

（2）内部评价与等级评定

①内部评价。

A. 企业应建立安全标准化系统内部评价制度，内部评价制度内容应包括以下几点：

a. 评价计划的产生与批准；

b. 评价频率；

c. 评价范围和标准；

d. 评价方法；

e. 人员能力要求；

f. 评价结果的处理。

B. 内部评价应关注以下问题：

a. 安全标准化系统的效力和效率；

b. 存在的问题与缺陷；

c. 资源使用的效力和效率；

d. 实际安全绩效和期望值的差距；

e. 绩效监测系统的适宜性和监测结果的准确性；

f. 纠正行动的效力和效率；

g. 企业与相关方的关系。

C. 内部评价应文件化。

②等级评定。

a. 企业可根据安全生产法律法规与其他要求，申请安全标准化等级评定。

b. 企业因出现工亡事故或其他不符合情形而被取消安全标准化等级时，应立即对安全标准化系统进行评价，查明不符合情形出现的原因，并采取相应的改进措施。

c. 被取消安全标准化等级的企业，待满足安全标准化评分办法规定的条件后，可重新申请安全标准化等级评定。

2.3　金属非金属露天矿山安全标准化定级

企业安全生产标准化管理体系的运行情况，采用企业自评和评审单位评审的方式进行评估。

企业按照安全生产有关法律法规、规章、标准等要求，加强标准化建设，可自主申请标准化定级。企业标准化等级由高到低分为一级、二级和三级。企业标准化定级标准由中华人民共和国应急管理部按照行业分别制定。国家应急管理部未制定行业标准化定级标准的企业，其标准可由省级应急管理部门自行制定，也可以参照与《企业安全生产标准化基本规范》（GB/T 33000）配套的定级标准，在本行政区域内开展二级、三级企业建设工作。

各级定级部门可以通过政府购买服务的方式，确定从事安全生产相关工作的事业单位或者社会组织作为标准化定级组织单位，委托其负责受理和审核企业自评报告、监督现场评审过程和质量等具体工作，并向社会公布组织单位名单。

各级定级部门可以通过政府购买服务的方式，委托从事安全生产相关工作的单位负责现场评审工作，并向社会公布名单。

2.3.1　企业标准化定级程序

企业标准化定级按照自评、申请、评审、公示、公告的程序进行。

（1）自评

企业应自主开展标准化建设，成立由其主要负责人任组长、有员工代表参加的工作组，按照生产流程和风险情况，并对照所属行业标准化定级标准，将本企业标准和规范融入安全生产管理体系，做到全员参与，实现安全管理系统化、岗位操作行为规范化、设备设施本质安全化、作业环境器具定置化。每年至少开展一次自评工作，并形成书面自评报告，在企业内部公示不少于 10 个工作日，并及时整改发现的问题，持续提升安全绩效。

（2）申请

申请定级的企业，依拟申请的等级向相应组织单位提交自评报告，并对其真实性负责。

组织单位收到企业自评报告后，应根据下列情况分别作出处理。

①自评报告内容存在错误、不齐全或不符合规定形式的，在 5 个工作日内一次性书面告知企业需要补正的全部内容；逾期不告知的，自收到自评报告之日起即视为受理。

②自评报告内容齐全、符合规定形式，或在企业按要求补正全部内容后，对自评报告逐项进行审核。对符合申请条件的，将审核意见和企业自评报告一并报送定级部门，并书面告知企业；对不符合申请条件的，书面告知企业并说明理由。

审核、报送和告知工作应在 10 个工作日内完成。

（3）评审

定级部门对组织单位报送的审核意见和企业自评报告进行确认后，由组织单位通知负责现场评审的单位成立现场评审组在 20 个工作日内完成现场评审，将现场评审情况及不符合项等形成现场评审报告，初步确定企业是否达到拟申请的等级，并书面告知企业。

企业收到现场评审报告后，应在 20 个工作日内完成不符合项的整改工作，并将整改情况报告现场评审组。在特殊情况下，经组织单位批准，整改期限可以适当延长，但延长期限最长不超过 20 个工作日。

现场评审组应当指导企业做好整改工作，并在收到企业整改情况报告后 10 个工作日内采取书面检查或者现场复核的方式，确认整改是否合格，书面告知企业，并由负责现场评审的单位书面告知组织单位。

企业未在规定期限内完成整改的，视为整改不合格。

（4）公示

组织单位将确认整改合格、符合相应定级标准的企业名单定期报送相应定级部门；定级部门确认后，应在本级政府或本部门网站向社会公示，接受社会监督，公示时间不少于7个工作日。

公示期间，收到企业存在不符合定级标准以及存在其他相关问题的，定级部门应组织核实。

（5）公告

对公示无异议或者经核实不存在所反映问题的企业，定级部门应确认其等级，予以公告，并抄送同级工业和信息化、人力资源和社会保障、国有资产监督管理、市场监督管理等部门和工会组织，以及相应银行保险和证券监督管理机构。

对未予公告的企业，由定级部门书面告知其未通过定级，并说明理由。

2.3.2 企业安全生产标准化定级申请条件

1）初次申请

申请定级的企业应在自评报告中，由其主要负责人承诺符合以下条件：

①依法具备的证照齐全有效；

②依法设置安全生产管理机构或配备安全生产管理人员；

③主要负责人、安全生产管理人员、特种作业人员依法持证上岗；

④申请定级之日前 1 年内，未发生死亡、总计 3 人及以上重伤或直接经济损失总计 100 万元及以上的生产安全事故；

⑤未发生造成重大社会不良影响的事件；

⑥未被列入安全生产失信惩戒名单；

⑦前次申请定级被告知未通过之日起满 1 年；

⑧自撤销标准化等级之日起满 1 年；

⑨全面开展隐患排查治理，发现的重大隐患已完成整改。

申请一级企业的，还应承诺符合以下条件：

①从未发生过特别重大生产安全事故，且申请定级之日前 5 年内未发生过重大生产安全事故、前 2 年内未发生过生产安全死亡事故；

②按照现行国家标准《企业职工伤亡事故分类》（GB 6441）、《事故伤害损失工作日标准》（GB/T 15499），统计分析年度事故起数、伤亡人数、损失工作日、千人死亡率、千人重伤率、伤害频率、伤害严重率等，并自前次取得标准化等级以来逐年下降或持平；

③曾被定级为一级，或者被定级为二级、三级并有效运行 3 年以上。

一经发现企业存在承诺不实的情况，定级相关工作即行终止，3 年内不再受理该企业标准化定级申请。

2）再次申请

对再次申请原等级的企业，在标准化等级有效期内符合以下条件的，经定级部门确认后，直接予以公示和公告：

①未发生生产安全死亡事故；

② 一级企业未发生总计重伤 3 人及以上或直接经济损失总计 100 万元及以上的生产安全事故，二级、三级企业未发生总计重伤 5 人及以上或直接经济损失总计 500 万元及以上的生产安全事故；

③未发生造成重大社会不良影响的事件；

④有关法律法规、规章、标准及所属行业定级相关标准未作重大修订；

⑤生产工艺、设备、产品、原辅材料等无重大变化，无新建、改建、扩建工程项目；

⑥按照规定开展自评并提交自评报告。

2.3.3　企业标准化等级有效期及撤销条件

企业标准化等级有效期为 3 年。

各级应急管理部门在日常监管执法工作中，发现企业存在以下情形之一的，应立即告知并由原定级部门撤销其等级。原定级部门应当予以公告并同时抄送同级工业和信息化部门、人力资源和社会保障部门、国有资产监督管理部门、市场监督管理部门等和工会组织，以及相应银行保险和证券监督管理机构。

①发生生产安全死亡事故的；

②连续 12 个月内发生总计重伤 3 人及以上或直接经济损失总计 100 万元及以上的生产安全事故的；

③发生造成重大社会不良影响事件的；

④瞒报、谎报、迟报、漏报生产安全事故的；

⑤被列入安全生产失信惩戒名单的；

⑥提供虚假材料，或以其他不正当手段取得标准化等级的；

⑦行政许可证照被注销、吊销、撤销或不再从事相关行业生产经营活动的；

⑧存在重大生产安全事故隐患，未在规定期限内完成整改的；

⑨未按标准化管理体系持续、有效运行，情节严重的。

2.3.4　金属非金属矿山安全标准化建设步骤和等级评定

现行国家标准《金属非金属矿山安全标准化规范 导则》（AQ/T 2050.1）中明确规定了金属非金属矿山安全标准化建设步骤和安全标准化等级评定。

（1）安全标准化建设步骤

安全标准化的创建过程包括准备、策划、实施与运行、监督与评价、改进与提高。

①准备阶段应开展全员安全标准化知识培训，并对企业安全生产现状进行评估。

通过现状评估，掌握安全生产管理机构设置及人员配备、制度建设、危险源辨识与风险评价、安全教育与培训、安全检查与隐患排查、应急管理、安全绩效等方面的基本情况。

②策划阶段应根据初始评估的结果和本标准的相关要求，确定企业安全标准化系统的方案，明确建设原则与步骤、内容与要求、阶段目标、进度计划、经费预算、责任部门、责任人员等。

③实施与运行阶段应根据策划结果，建立安全标准化系统，并为系统有效运行提供必要的资源。

④监督与评价阶段应对安全标准化的实施情况进行定期监督与评估，发现问题，找出差距，提出完善措施。

⑤改进与提高阶段应根据监督与评估的结果，改进安全标准化系统，不断提高安全标准化水平和安全绩效。

（2）安全标准化等级评定

企业应满足相关安全标准化评分办法规定的条件，方可参加安全标准化等级评定。

安全标准化等级，采取分类（如划分为露天开采、地下开采、尾矿库、选矿厂等类别）和分系统（有多个独立生产系统）评定。

安全标准化等级根据其标准化评审得分确定，标准化得分采用百分制。

根据安全标准化评审得分，将安全标准化划分为3个等级（见表2.2），其中一级等级最高。

表2.2 安全标准化等级

标准化等级	标准化得分 / 分
一级	≥ 90
二级	≥ 75
三级	≥ 60

企业可根据安全生产法律法规与其他要求，申请安全标准化等级评定。

企业因出现工亡事故或其他不符合情形而被取消安全标准化等级时，应立即对安全标准化系统进行评价，查明不符合情形出现的原因，并采取相应的改进措施。

被取消安全标准化等级的企业，在满足安全标准化评分办法规定的条件后，可重新申请安全标准化等级评定。

2.3.5 金属非金属露天矿山安全生产标准化评分

依据国家安全监督管理总局办公厅关于印发《金属非金属矿山安全生产标准化评分办法的通知》（安监总厅管〔2011〕177 号），国家安全监督总局组织修订了 4 项安全生产标准化评分办法，其中包括《金属非金属露天矿山安全生产标准化评分办法》。

1）安全生产标准化申请条件

在评审年度（申请之日起前 1 年）内生产安全事故死亡人数在 3 人（不含 3 人）以下，且满足下列要求的金属非金属露天矿山，方可参加安全生产标准化等级评审。

①建立健全主要负责人、分管负责人、安全生产管理人员、职能部门、岗位安全生产责任制；制订安全检查制度、职业危害预防制度、安全教育培训制度、生产安全事故管理制度、重大危险源监控制度和重大隐患整改制度、设备安全管理制度、安全生产档案管理制度、安全生产奖惩制度等规章制度；制订作业安全规程和各工种操作规程。

②安全投入符合安全生产要求，依照国家有关规定足额提取安全生产费用。

③设置安全生产管理机构，或配备专职安全生产管理人员。

④主要负责人和安全生产管理人员经安全生产监督管理部门考核合格，并取得安全资格证书。

⑤特种作业人员经有关业务主管部门考核合格，并取得特种作业操作资格证书。

⑥其他从业人员依照规定接受安全生产教育和培训，并经考试合格。

⑦依法参加工伤保险，为从业人员缴纳保险费。

⑧制订防治职业危害的具体措施，并为从业人员配备符合国家标准或行业标准的劳动防护用品。

⑨危险性较大的设备设施按国家有关规定进行定期检测检验。

⑩制订事故应急救援预案，建立事故应急救援组织，配备必要的应急救援器材、设备；生产规模较小可以不建立事故应急救援组织的，应当指定兼职的应急救援人员，并与邻近的矿山救护队或其他应急救援组织签订救护协议。

⑪矿山开采的周边安全距离应符合相关法律法规、标准的规定。

⑫实行自上而下、分台阶（层）开采。

⑬采用机械铲装、机械二次破碎，严禁二次爆破破碎大块岩石。

⑭大、中型矿山或边坡潜在危害性大的矿山，应建立健全边坡管理和检查制度，并按规定建立边坡监测系统，对边坡重点部位和有潜在滑坡危险的地段采取有效的防治措施，每 5 年由有资质的中介机构进行一次勘测和稳定性分析。

⑮排土场由有资质的中介机构进行专门设计；排土场场址进行过专门的地质勘察；排土场安全度为正常级，有符合规定的防洪措施和监测系统；每 5 年由有资质的中介机构

进行一次勘测和稳定性分析。

2）评分办法

评分办法根据标准化得分和安全绩效两个指标，确定金属非金属露天矿山安全生产标准化等级。

金属非金属露天矿山安全生产标准化系统由 14 个元素组成，每个元素划分为若干个子元素，每一个子元素包含若干个问题。

本评分办法对子元素赋予不同的分值，子元素分值之和为元素分值。子元素分为策划、执行、符合、绩效 4 个部分，每个部分权重分别为 10%、20%、30%、40%。各元素分值明细见表 2.3。

表 2.3　元素分值明细表

元素	分值 / 分
1. 安全生产方针与目标	100
2. 安全生产法律法规与其他要求	100
3. 安全生产组织保障	500
4. 风险管理	250
5. 安全教育与培训	200
6. 生产工艺系统安全管理	300
7. 设备设施安全管理	150
8. 作业现场安全管理	200
9. 职业卫生管理	200
10. 安全投入、安全科技与工伤保险	150
11. 检查	350
12. 应急管理	200
13. 事故、事件报告、调查与分析	200
14. 绩效测量与评价	100
总分	3 000

金属非金属露天矿山安全生产标准化评分表参见《金属非金属露天矿山安全生产标准化评分办法》。

标准化评审得分总分为 3 000 分，最终标准化得分换算成百分制。换算公式如下：

$$标准化得分（百分制）= 标准化评审得分 \div 3\,000 \times 100$$

3）评审周期和评审等级

金属非金属露天矿山安全生产标准化的评审工作每 3 年至少进行一次。

标准化等级分为一级、二级、三级，其中一级为最高等级。评审等级须同时满足标准化两个指标的要求。等级划分标准见表 2.4。

表 2.4　金属非金属露天矿山安全生产标准化等级划分表

评审等级	标准化得分 / 分	安全绩效
一级	≥ 90	评审年度内未发生人员死亡的生产安全事故
二级	≥ 75	评审年度内生产安全事故死亡人数在 2 人（不含 2 人）以下
三级	≥ 60	评审年度内生产安全事故死亡人数在 3 人（不含 3 人）以下

金属非金属露天矿山安全生产标准化等级有效期为 3 年，在有效期内，一级企业、二级企业、三级企业相应发生生产安全事故死亡 1 人（含 1 人）、2 人（含 2 人）、3 人（含 3 人）以上的，取消其安全生产标准化等级，经整改合格后，方可重新进行评审。

2.4　实践训练项目

①结合实践单位标准化创建需求，制订金属非金属露天矿山安全生产标准化体系创建实施方案。

②根据安全生产标准化相关文件，编制金属非金属露天矿山安全生产标准化体系文件目录清单。

③根据标准化建设文件，完成露天矿山安全生产标准化体系文件的编写。

④收集实践单位文件资料，并根据现场实际情况，编制露天矿山企业安全生产标准化自评报告。

⑤依据企业安全生产标准化定级流程，编制露天矿山企业安全生产标准化现场评审会议手册。

⑥模拟现场评审，根据企业自评报告和现场评审情况，完成标准化评分表，并形成现场评审报告。

⑦企业收到现场评审报告后需完成不符合项整改工作，请帮助该企业完成整改报告。

第 3 章　基于无人机三维建模的双控机制建设

双重预防机制又称双控机制，是指安全风险分级管控和隐患排查治理。双控机制对于促进露天矿山制定全面、系统的防范措施，保护人民生命财产安全，维护社会稳定，促进经济发展具有重要意义。在现代社会中，无人机已经成了一项非常重要的技术，无论是在商业领域还是在工业领域都有着广泛应用。本章将在系统介绍露天矿山双控机制建设知识体系中，同步介绍如何利用无人机的技术优势，实现露天矿山现场调研。

3.1　双控机制简介

3.1.1　双控机制基本概念

2021 年 6 月 10 日，党的第十三届全国人民代表大会常务委员会第二十九次会议通过了《全国人民代表大会常务委员会关于修改〈的决定》，双重预防机制被正式写入了修改后的《中华人民共和国安全生产法》。其中，第四条要求："生产经营单位必须遵守本法和其他有关安全生产的法律、法规，加强安全生产管理，构建安全风险分级管控和隐患排查治理双重预防机制"；第二十一条要求："生产经营单位的主要负责人对本单位安全生产工作负有下列职责：（五）组织建立并落实安全风险分级管控和隐患排查治理双重预防工作机制，督促、检查本单位的安全生产工作，及时消除生产安全事故隐患"；第四十一条要求："生产经营单位应当建立安全风险分级管控制度，按照安全风险分级采取相应的管控措施。生产经营单位应当建立健全并落实生产安全事故隐患排查治理制度，采取技术、管理措施，及时发现并消除事故隐患"。

安委办〔2016〕3 号文和安委办〔2016〕11 号文指出，双重预防机制就是安全风险分级管控和隐患排查治理。安全风险分级管控，就是我们日常工作中的风险管理，包括危险源辨识、风险评价分级、风险管控，即辨识风险点有哪些危险物质及能量，在什么情况下可能发生什么事故，全面排查风险点的现有管控措施是否完好，运用风险评价准则对风险点的风险进行评价分级，然后由不同层级的人员对风险进行管控，确保风险点的安全管控措施完好。隐患排查治理是对风险点的管控措施通过隐患排查等方式进行全面管控，及时发现风险点管控措施潜在的隐患，并及时对隐患进行治理。

双重预防：把风险管控好，不让风险管控措施出现隐患，这是第一重"预防"；对风险管控措施出现的隐患及时发现及时治理，预防事故的发生，这是第二重"预防"。

双重预防机制包括 3 个过程，同时这 3 个过程也是双重预防机制的 3 个具体目的。

第一个过程即第一个目的——"辨识"，辨识风险点有哪些危险物质和能量（这是导致事故的根源），辨识这些根源在什么情况下可能会导致什么事故。

第二个过程即第二个目的——"评价分级"，利用风险评价准则，评价风险点导致的各类事故的可能性与严重程度，并对风险进行评价分级。

第三个过程即第三个目的——"管控"，即对风险的管控，把风险管控在可接受的范围内。

双重预防机制是构筑防范生产安全事故的两道防火墙：第一道是管控风险，以安全风险辨识和管控为基础，从源头上系统辨识风险、分级管控风险，把各类风险控制在可接受的范围内，杜绝或减少事故隐患。第二道是治理隐患，以隐患排查和治理为手段，认真排查风险管控过程中出现的缺失、漏洞和风险控制失效环节，坚决把隐患消灭在事故发生之前。

风险分级管控是指按照风险不同级别、所需管控资源、管控能力、管控措施复杂性及难易程度等因素确定不同管控层级的风险管控方式。风险分级管控的基本原则是风险越大，管控级别越高；上级负责管控的风险，下级必须负责管控，并逐级落实具体措施。隐患排查治理分为隐患排查和隐患治理两个部分。隐患排查是指企业组织安全生产管理人员、工程技术人员和其他相关人员对本单位的事故隐患进行排查，并对排查出的事故隐患，按事故隐患的等级进行登记，建立事故隐患信息档案的工作过程。隐患治理是指消除或控制隐患的活动或过程。其中，包括对排查出的事故隐患按职责分工明确整改责任，制订整改计划、落实整改资金，以及实施监控治理和复查验收的全过程。

3.1.2　双控机制的实质与内在联系

双重预防机制的实质是在事故演变过程中设立的两道防线，通过切断危险从源头（危险源）到末端（事故）的传递链条，达到控制事故发生的目的，如图 3.1 所示。

双重预防机制间的内在联系：安全风险分级管控是隐患排查治理的前提和基础，隐患排查治理是安全风险分级管控的强化与深入。具体表现为以下内容：

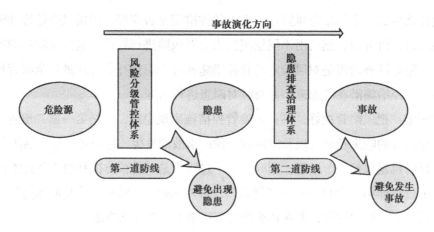

图 3.1　双控机制的实质作用

①风险分级管控体系是隐患排查治理体系的"前提"和"基础"。

②根据风险分级管控体系的要求，企业组织实施风险点识别、危险源辨识、风险评价、典型措施制定和风险分级，确定风险点、危险源为隐患排查的对象，即"排查点"。

③通过隐患排查，可能发现新的风险点、危险源，进而对风险点和危险源信息进行补充和完善。

3.1.3　双控机制建设流程

1）风险分级管控体系建设

露天矿山风险分级管控体系建设分为 4 个阶段：实施前的准备阶段、实施阶段、编制风险分级报告阶段、风险管控与公告，见表 3.1。

（1）实施前的准备阶段

成立工作组，搜集和研读相关资料，熟悉风险分级方法和工作步骤，开展初步现场调查，了解金属非金属露天矿山企业生产工艺流程和工作场所概况，编制风险分级评估方案。

①金属非金属露天矿山概况调查。

金属非金属露天矿山概况调查的内容包括金属非金属露天矿山性质、规模、地点、自然环境概况、社会环境条件、生产工艺及主要工程内容、生产制度、岗位设置、开采现状等内容。具体需要搜集的资料包括公司基本情况、地理位置、自然条件（气候条件、地形、地貌及地质条件、水文条件、抗震设防烈度）、周边环境和总平面布置、工艺流程、主要原辅料及产品、主要设备设施、公用工程（供配电、给排水、消防系统、系统通风除尘、防雷检测情况、供热系统）等。

a. 企业简介：企业经营范围及整体运行情况。

b. 地理位置：企业所处的具体位置及交通情况。

c. 自然条件：气候条件、地形、地貌及地质条件、水文条件、抗震设防烈度。

d. 周边环境和总平面布置：周边环境情况及总平面布置。

e. 工艺流程：企业生产工艺流程。

f. 主要原辅料及产品：企业生产中主要使用的原辅料及产品。

g. 主要设备设施：主要生产设备设施及型号。

h. 公用工程：供配电、给排水、消防系统、系统通风除尘、防雷检测情况、供热系统。

②金属非金属露天矿山安全管理状况调查。

收集整理企业安全管理情况，包括安全管理组织机构、安全生产规章制度、安全培训情况、安全投入情况、劳动防护用品配置情况、工伤保险情况、应急管理等。

a. 安全管理组织机构：企业安全部门设置情况、安全管理人员配置情况及具体组织结构。

b. 安全生产规章制度：企业建立的安全管理制度及操作规程。

c. 安全培训情况：安全管理人员取得安全资格证书的情况；特种作业人员取得特种作业操作证的情况。

d. 安全投入情况：年投入费用及投入项目。

e. 劳动防护用品配置情况：工作服、安全帽、绝缘胶鞋、口罩等劳保用品的发放情况及发放记录。

f. 工伤保险情况：为员工缴纳工伤保险费用的情况及缴纳凭据。

g. 应急管理：应急预案编制及备案情况、应急演练情况等应急管理内容。

③金属非金属露天矿山作业风险调查。

A. 岗位作业人员风险调查。

a. 调查企业岗位人员设置及岗位职责：岗位所从事作业内容及范围，岗位作业人员个人基本条件，岗前培训情况，劳动防护用品使用情况等。

b. 调查岗位作业人员作业活动过程，调查作业过程操作使用的设备设施，对开采过程、劳动过程和生产环境中存在的风险因素进行辨识，并分析危险因素来源。

c. 收集岗位作业人员所涉及的教育培训情况，岗位作业适用的安全规章制度，操作规程等资料。

d. 咨询岗位作业人员在生产过程中可能发生的意外情况。

B. 矿山企业特殊场所的风险调查。

a. 调查边坡管理：边坡管理机构或人员设置情况、专项应急措施、边坡监测系统、边坡检查及日常管理情况。

b. 调查防排水管理：管理机构的设置、地质条件、防排水措施、防排水设备管理情况。

c. 调查排土场或废石场：综合管理情况、安全生产档案、周边环境、地质条件、排土场现状、公路排土、防洪设施、检测及稳定性分析等其他情况。

C.矿山企业安全管理风险调查。

a.调查矿山企业安全生产的基本条件：建设程序及证照、安全标准化开展情况、安全管理机构及人员配置、工伤保险、安全生产费用投入使用情况、应急管理、作业生产系统管理情况等。

b.调查矿山企业安全管理情况：安全生产管理制度及程序文件、安全生产记录、相关图纸、安全教育培训、外包单位管理、应急演练工作开展、风险公示情况等。

c.调查矿山总平面布置，包括工业场地、破碎站。

d.调查采剥工程管理：开采方式、采场管理、穿孔作业、爆破作业、爆堆安全、民用爆炸物品管理、铲装作业。

e.调查矿山运输：矿山道路状况、运输车辆、排水沟、照明设施、道路车挡、避险设施、警示标志等。

f.调查机电设备管理：机电技术资料、供电线路、供电电压、变电所、接地保护、设备运行管理等。

（2）实施阶段

依据风险分级评估方案开展露天矿山企业现场调查，了解矿山企业岗位作业人员生产过程中所存在的风险因素和企业安全管理现状以及环境管理状况，汇总、分析准备和实施阶段所得的资料、数据，并通过计算、分析得出关键岗位风险分级管控标准、矿山安全管理风险分级标准、特殊作业场所风险分级标准。矿山企业应根据确定的风险等级，将风险点逐一明确管控层级（公司、车间或部门、班组、岗位），落实具体的责任单位、责任人和具体的管控措施（包括制度管理措施、人员教育培训、应急管理措施等），形成"一企一册"。

（3）编制风险分级报告阶段

在前期量化分析的基础上，编制金属非金属露天矿山风险分级报告，并根据金属非金属露天矿山风险等级、管理和环境评估状况，提出有针对性的管控措施建议。

（4）管控与公告

矿山企业针对风险管控措施，编制管控手册，在重点工作区域张贴风险公告，并向岗位人员发放风险告知卡。

矿山企业应公布本单位的主要风险点、风险类别、风险等级、管控和应急措施，让每名员工都了解风险点的基本情况及防范、应急对策。对存在安全生产风险的岗位设置告知卡，标明本岗位主要危险危害因素、后果、事故预防及应急措施、报告电话等内容。对可能导致事故的工作场所、工作岗位，应设置报警装置，配置现场应急设备设施和撤离通道等。同时，将风险点的有关信息及应急处置措施告知相邻企业单位。

表 3.1　金属非金属露天矿山风险分级管控体系工作流程

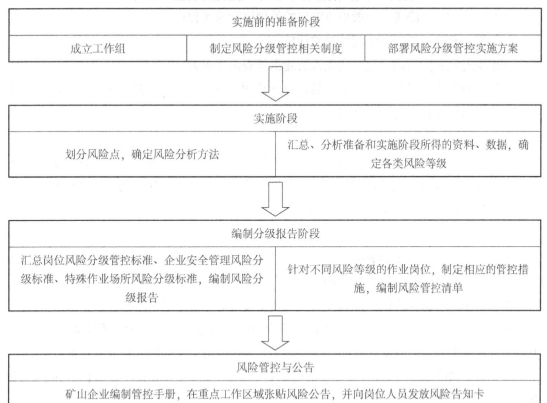

实施前的准备阶段		
成立工作组	制定风险分级管控相关制度	部署风险分级管控实施方案

实施阶段	
划分风险点，确定风险分析方法	汇总、分析准备和实施阶段所得的资料、数据，确定各类风险等级

编制分级报告阶段	
汇总岗位风险分级管控标准、企业安全管理风险分级标准、特殊作业场所风险分级标准，编制风险分级报告	针对不同风险等级的作业岗位，制定相应的管控措施，编制风险管控清单

风险管控与公告
矿山企业编制管控手册，在重点工作区域张贴风险公告，并向岗位人员发放风险告知卡

2）隐患排查治理体系建设

露天矿山生产安全事故隐患排查治理体系建设分为实施前准备、实施排查、排查结果分析、隐患治理与验收 4 个阶段，具体包括成立机构、制度建设、隐患排查、隐患分级、隐患治理与验收等 6 个步骤，见表 3.2。

（1）准备工作

成立以矿山主要负责人为组长，各分管负责人为副组长，各科室或部门负责人为成员的隐患排查治理领导小组，小组下设办公室，办公室设在矿山安全生产管理部门。隐患排查治理工作应以全体员工为基础，形成自上而下的组织保障。

建立事故隐患排查治理制度，必须落实安全生产"一岗双责"，所有领导班子成员都应对分管范围内的隐患排查治理工作承担相应的责任。该制度需要明确隐患排查治理工作要求、职责范围、防控责任，主要包括以下内容：

①明确责任分工；

②根据国家、行业、地方有关事故隐患的标准、规范、规定，编制事故隐患排查清单，明确和细化事故隐患排查事项、具体内容和排查周期；

③明确隐患判定程序；

④明确重大事故隐患、一般事故隐患的处理措施及流程；

⑤组织对重大事故隐患治理结果的评估；

⑥组织开展相应培训，提高从业人员隐患排查治理能力。

隐患排查的主体是矿山的所有人员，包括从领导到一线员工再到在矿山工作范围内的外部人员，以保证排查的全面性和有效性。

（2）实施排查

金属非金属露天矿山建立公司、车间（部门）、班组、岗位4级隐患排查体系，明确一级抓一级、一级向一级负责的隐患排查制度。确定排查主体、排查周期、排查内容等要素，并对排查要素进行汇总整理，编制隐患排查清单。

（3）排查结果分析

所有不能立即整改的隐患都要汇总上报到安全科，安全科进行初步判定为一般隐患或重大隐患。被安全科判定为重大隐患的，由安全科组织技术人员和专业人员进行再次判定，判定结果为重大事故隐患的，经分管负责人和主要负责人批准后生效。

对排查出的事故隐患，应按事故隐患的等级填写矿山生产安全事故隐患排查治理记录，并进行隐患等级判定，建立事故隐患信息档案，并将事故隐患定期向从业人员通报。

生产经营单位应每月对本单位事故隐患排查情况进行统计分析。分析内容包括以下几点：

①隐患排查是否覆盖了要求的范围和类别；

②隐患排查是否遵循了"全面、抽样"的原则，以及是否遵循了重点部门、高风险和重大危险源适当突出的原则；

③隐患排查发现：确定隐患清单、隐患级别以及分析隐患分布（包括隐患所在单位和地点的分布、种类）。

（4）隐患治理与验收

矿山在开展隐患治理工作时要对隐患进行分级：一般隐患，如明显地违反操作规程和工作纪律的情况，可以立即整改；如果是重大隐患，危害后果和整改难度较大，无法立即整改排除，应限期整改，并由排查人员立即上报至班组、车间（部门）或企业，再汇总到安全生产管理部门。隐患整改完成后，要通知执法部门组织相关人员对整改情况进行验收，并对一般隐患和重大隐患分别按流程进行验收。

露天矿山生产安全事故隐患排查治理体系建设分为实施前准备、实施排查、排查结果分析、隐患治理与验收4个阶段，具体包括成立机构、制度建设、隐患排查、隐患分级、隐患治理和治理验收等6个步骤。

表 3.2   金属非金属露天矿山隐患排查治理体系工作流程

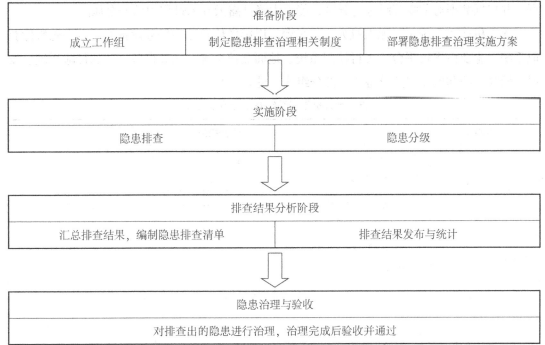

3.2   基于无人机建模的露天矿山信息采集

双控机制建设准备阶段需要大量矿山现场信息，利用无人机进行现场实地航测与三维建模，可高效准确地进行现场信息采集，有效推进双控机制建设。

3.2.1   无人机航摄技术简介

无人机具有独特的高空视角，因此被广泛应用于工程测绘和三维建模等业务中。通过无人机倾斜摄影获取三维影像和正射影像，具有高效率、高精度等优势，该技术的特点主要在于能更大限度地还原地面上有一定体积的物体，可用于辅助矿山进行现场资料收集和信息采集。

传统三维建模方式如 CAD 技术、航空摄影测量技术，用二维建立三维，纹理是依靠人工粘贴，该方法存在工作量大、生产成本高等问题。无人机倾斜摄影测量技术可多角度、大范围地获取地物影像数据，真实反映地物的实际情况，弥补了航空摄影获取垂直影像建筑物侧面纹理信息不完整的缺陷。该方法具有成本低、时间自由、航空管制小等优点。

利用无人机航测成果，决策者能及时掌握各施工面情况，同时从高角度、多维度的视点对整个施工现场进行观察和把控。采用无人机对露天矿山开采区域采集的影像资料等数据，并根据数据对危险等级进行分区，能大大降低露天开采过程中的安全风险。

无人机航摄系统是以无人机为飞行平台、以影像传感器为任务设备的航空遥感影像获取系统，主要由飞行平台、飞行控制系统、地面监控系统、任务设备、数据传输系统、发射与回收系统和地面保障设备7个部分组成，见表3.3。

表 3.3   无人机航摄系统基本组成及主要任务

基本构成	任务描述
飞行平台	搭载任务设备并执行航飞任务，主要包括机体、动力系统、执行机构、电气系统、起落架及其他保证飞行平台正常工作的设备和部件
飞行控制系统	无人机导航、定位和自主飞行控制，主要包括飞控板、惯性导航系统、GPS 接收机、气压传感器、空速传感器、转速传感器等部件
地面监控系统	接收无人机飞行姿态数据并发送数据控制指令、监测预警，主要包括无线电遥控器、RC 接收机、监控软硬件、地面供电系统等部件
任务设备	用于航摄数据的获取与存储，主要包括数码相机、数码相机控制系统以及有关的附设装置
数据传输系统	用于地面站与飞控系统及其他设备之间的数据与指令的传输，主要包括数传电台、天线、数据接口等，分为空中与地面两部分
发射与回收系统	发射系统保障飞机在一定距离内加速达到起飞速度，回收系统实现无人机在空中安全着陆
地面保障设备	分为运输保障设备和航摄作业保障设备，为无人机航摄安全作业提供基本设备保障

3.2.2   无人机实地航测

1）实地踏勘

①作业区域卫星图分析。

②准确抵达现场，识别作业区域范围，对测区周围进行踏勘，收集地形地貌信息，以及周边的重要设备和交通信息，为无人机的起飞、降落和航线规划提供资料。

2）航线设计

（1）设置航高

通过所需的测图比例尺确定地面分辨率，并根据公式计算相对航高，其中，比例尺与分辨率的对应关系见表3.4。选定了相机和比例尺后，可根据公式计算航高。在飞行时，飞机应按预定的航高飞行，同一航线内各摄站的航高差不得大于 40 m。

表 3.4　比例尺与分辨率的对应关系

测图比例尺	地面分辨率 /cm
1 ∶ 500	≤ 5
1 ∶ 1 000	8~10
1 ∶ 2 000	15~20

公式：

$$\frac{H}{f} = \frac{\text{GSD}}{\alpha}$$

式中　H——相对航高；

　　　f——相机焦距；

　　　GSD——地面分辨率；

　　　α——像元大小。

（2）设置重叠度

一方面，无人机航摄多搭载采用中心投影方式成像的非量测型相机，镜头畸变大，为了提高成图精度，应加大相片重叠度，采用相片中心部分的影像进行成图；另一方面，当重叠度大时，模型基高比会变小，进而导致测图时高程精度降低，同时，重叠度过大会使航摄飞行效率降低、数据冗余增大。因此，在航摄重叠度设计时，需要综合考虑影像用途、航摄天气、飞行平台稳定性等因素。航向重叠度应不低于 53%，通常为 60%~80%；旁向重叠度应不低于 8%，通常为 15%~60%。

（3）设置航线

根据测区范围，设定航线起终点、航线长度、航线间距、航线方向等参数，通常规划为矩形航线。

3）判断天气条件

①云层厚度，多云天气或高亮度的阴天最好；

②温度过高或过低会影响电池稳定性及相机精度；

③测定现场风速，地面四级风（6 m/s）及以下适宜，逆风出，顺风回；

④光照，光照不好时应增加曝光时间，ISO 数值低代表成像质量好。

4）检查飞行环境

在进行外业航飞前，应根据已知的测区资料和相关数据对无人机系统的性能进行评估，判断飞行环境是否满足飞行要求。影响无人机飞行的因素主要包括以下 4 个方面。

①海拔。测区的海拔应满足无人机的作业要求，无人机飞行的高度应大于当地的海拔和航高。

②地形、地貌条件。地形和地貌主要影响无人机的成图质量，对于地面反光强烈的地区，如沙漠、大面积的盐滩、盐碱地等，在正午前后不宜摄影；对于陡峭的山区和高密集度的城市地区，为了避免阴影，应在当地正午前后摄影。

③风力和风向。地面风向决定无人机的起飞和降落方向，空中风向对飞行平台的稳定性影响很大，尽量在风力较小时摄影、航测。

④电磁和雷电。无人机空中飞行平台和地面站之间通过电台传输数据，要保证导航系统及数据链的正常工作。

到达现场时，应记录现场的风速、天气、起降坐标等信息，留作后期参考和总结。

5）地面像控点布设

外业控制点的选择和布设直接影响最终影像匹配的精度，所以遵循控制点的布设原则，保证控制点的布设密度，选择合适的控制点位是外业控制点布设的几个基本要求。

（1）布设原则

控制点的选择和布设不仅和布设方案有关，还和影像成图、误差改正等对控制点的具体点位要求有关，因此应遵循以下原则：

①控制点的目标影像应清晰易判读；

②为了减弱和消除投影差对影像匹配结果的影响，控制点的位置距离影像边应大于等于 1~1.4 cm；

③控制点的实地选择应避免受到阴影、相似地物的影响；

④控制点要与周边地物形成一定的灰度反差，易于进行影像判读和识别控制点；

⑤控制点的位置要便于测量，若选用 GPS 进行点位测量，需要远离大片水域、电视塔、通信线路等，以免发生电磁干扰。

（2）像控点的布点方式

布设的控制点尽量在测区均匀分布，一般采用九宫格布点法，航线两端及中间均隔一条或两条航线布设平高点，既能保证成图精度，又能减少外业工作量。

像控点必须在测区范围内合理分布，通常在测区四周以及中间都要有控制点。要完成模型的重建至少要有 3 个控制点，平方千米最少需要 5 个像控点，且均匀分布，控制点不要放在太靠近测区边缘的位置。

（3）像控点的选点

像控点应选择航摄相片上影像清晰、目标明显的像点，实地选点时，也应考虑侧视相机是否会被遮挡。对于弧形地物、阴影区域、狭窄沟头、水系、高程急剧变化的斜坡、圆山顶、高差明显的房角、围墙角以及可能变化的区域，均不应选作目标。

6）设备检查

在进行航飞前，应对所有的设备、装置进行检查，主要包括以下几点：

①航测相机的检校，飞机性能的检测。

② SIM 卡安装检查，CORS 连接信号检查。

a.网络诊断：左上角（二）符号—设置—网络诊断—正确连接；

b.RTK 连接：左下角飞行—右上角（…）符号—打开 RTK 模块—选择 RTK 服务类型（网络 RTK）—返回执行页面右上角，若图标变为白色则连接成功，红色则不成功，重复以上操作可重新连接。

③检查飞机及遥控器的电池电量。

7）无人机起飞

①点击"规划"—点击"摄影测量"—点击地图建立第一个航点（双击删除）—航点设置—选定区域—设置飞行高度—调整航线重复率—调整边距；

②相机设置—照片比例—白平衡—设置云台高度—关闭畸变调整；

③返回主界面—点击"保存"—输入任务名称—"确定"—切换至相机—调整相机参数—点击"执行"—阅读注意事项并点击"确定"—右滑开始执行飞行任务。

8）飞行工作状态监测

①将遥控器天线切面面向飞行器，以便获取最佳信息；

②电池电量不足时可手动结束飞行任务（App 将记录断点），更换电池后可继续执行飞行任务；

③随时准备处理应急状况。

9）无人机降落

无人机按设定路线飞行航拍完毕后，根据规划设置，默认自动返航。手动遥控操作无人机到指定地点待命。

10）数据导出与质量检查

降落后，将 SD 卡中的图片导出并进行质量检查。飞行质量检查主要检查相片重叠度、相片倾角、相片旋角、航线弯曲度以及摄区边界覆盖是否满足技术设计书的要求；检查POS 数据是否与影像——对应；影像质量检查主要检查影像的清晰度、层次的丰富性以及色差和色调的一致性；每天作业完成后要实时生成影像快拼图，检查航飞质量问题，当航摄中出现漏洞或影像不满足要求时，要及时补摄，所用相机应与上次航飞一致，补摄航线的范围要超出漏洞两条基线。

11）设备整理

①检查飞机及遥控器的剩余电量，并收纳和更换电池；

②将飞机与遥控器整理收纳，装入箱内指定位置。

3.2.3　三维建模与分析

在摄影采集完图像信息后，要对数据进行处理并结合软件构建实景模型。常用的建模软件有 Smart3D、SV360、Context Capture 等。

在进行数据处理前，要将获取的航摄和像控测量数据按规定格式进行预处理，从而保证数据格式正确和资料完整。预处理后，将数据导入软件进行相应建模处理，其流程如图 3.2 所示（以 Smart3D 为例）。

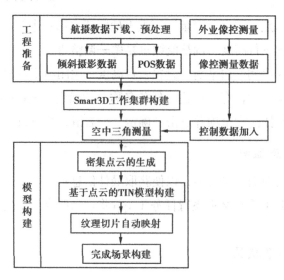

图 3.2　Smart3D 三维实景建模流程

（1）建立工程

无人机倾斜摄影获取数据量大，传统基于单机的串行处理和计算的航空影像数据处理已远远不能满足其生产要求，集群式计算机并行处理技术则可有效提高生产效率。采用工作集群，利用 Smart3D 软件，可实现三维实景建模。在 Smart3D 软件中建立工程，便可创建新的区块，导入清晰的影像数据、正确的 POS 数据以及高精度的像控点数据。

（2）空中三角测量

Smart3D 空中三角测量计算是以 POS 数据为初始外方位元素、共线方程为基础进行光束法区域网平差计算处理，提取倾斜影像的大量特征点，进行像对匹配和同名点的密集匹配，生成点云数据。该项目中 Smart3D 软件生成数据时采用两次"空三加密"法，首先导入无人机采集的影像数据和 POS 数据进行第一次空三加密，在第一次空三加密的基础上，加入像控点信息，再次进行空三加密处理。像控点数据不仅可以有效提高空三加密过程的影像匹配精度和效率，还可以实现目标坐标系统的转换。

（3）三维实景建模

通过空三加密点云，构建不规则三角网 TIN，生成无纹理模型；基于获取影像数据的纹埋，生成"影像到模型"的纹理映射模型，从而生成实景三维模型。空中三角测量完成后，切块分割实景模型，并将修饰后的实景模型，以 OSGB、OBJ、S3C 等格式输出。

3.3 安全风险分级管控体系构建

3.3.1 成立组织机构

（1）组织机构

企业应成立以单位主要负责人为组长，由单位相关部门人员参加的风险分级管控体系建设领导小组，明确风险分级管控工作责任体系，并积极开展该体系建设工作。风险分级管控体系建设领导小组组成人员应包括各分管负责人，安全、生产、技术、设备等各职能部门负责人，各类专业技术人员和重要岗位人员。企业可结合自身特点，在领导小组下设立风险分级管控体系建设办公室。

（2）工作职责

企业风险分级管控体系建设领导小组工作职责应包括领导、组织本企业安全生产风险分级管控体系建设工作；确保风险分级管控体系建设所需的人力资源、资金投入、物资保障；组织编制风险分级管控体系建设实施方案及相关管理制度。

企业应明确主要负责人、分管负责人、各部门负责人及重要岗位人员在风险分级管控体系建设履行的职责，并应在安全生产责任制中增加相关职责。

3.3.2 制定制度

（1）体系建设实施方案

体系建设实施方案应明确风险分级管控体系建设的工作目标、实施步骤、工作任务、进度安排等；提出具体的风险分级管控体系建设保障措施，并从组织协调、资金保障、宣传推广、基础能力建设、培训交流、督查考核等方面制定措施，将工作任务落实到位。

（2）风险分级管控制度

风险分级管控制度应规定风险分级管控体系建设的工作流程，明确各层次风险管控职责；规定风险分级管控体系建设、运行和管理措施，明确风险点确定、危险源辨识、风险

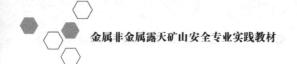
分级标准、管控层级确定、管控措施编制、安全风险告知等内容。

（3）培训教育制度

培训教育制度应规定企业安全管理部门和各基层单位的培训教育职责，明确安全管理部门负责开展培训需求分析、制订培训计划、确定培训内容、落实培训投入等职责；明确各基层单位落实培训计划、组织学习风险分级管控相关内容的职责；明确员工熟知本岗位危险源及相应管控措施的学习义务。

（4）运行管理考核制度

运行管理考核制度应明确企业、部门、班组、岗位的体系运行管理考核内容及标准，确定考核频次和考核组织形式；明确考核方法和程序，并将考核结果与评先树优、物质奖励等结合，强化考核的导向和激励作用。

（5）持续改进管理制度

持续改进管理制度应明确更新标准、评审程序、沟通机制和考评内容，及时针对变化范围开展危险源辨识、风险评价和风险分析，并更新完善风险信息。

3.3.3　部署实施

（1）宣传发动

针对全员做好风险分级管控体系建设的宣传发动工作，宣传内容包括开展风险分级管控的目的意义、目标任务、方法步骤、评价准则，典型示范单位的好经验、好做法，相关行业领域事故案例，以及企业员工应履行的工作职责，应承担的法律责任等。宣传发动工作可采取简报、宣传栏、悬挂横幅、张贴标语、发放宣传资料、召开专项会议等多种形式。

（2）教育培训

教育培训是指组织安全风险评价人员进行危险源辨识、风险评价、分级管控等内容的教育活动，并落实全员对风险分级管控知识的相关培训。培训结束应进行闭卷考试，考核结果记入安全培训档案，并保存好培训计划、课程表、学员考勤签到表、教师教案、培训图片、考核结果等资料。

（3）落实分工

落实分工是指根据各职能部门、班组、岗位的职责，按风险分级管控体系建设实施方案，全面部署排查风险点、辨识危险源、制定管控措施、编制风险管控清单的任务。

3.3.4　划分风险点

（1）划分原则

风险点划分应遵循"风险优先、系统防控、全员参与、分级管控、持续改进"的原则。整个生产系统依次划分为主单元、分单元、子单元、岗位（设备、作业）单元，其中岗位单元是安全风险评估的最基本单元。在实施过程中，企业可根据自身生产工艺复杂程度、设备设施分布状况和管理需要等情况，灵活增减单元划分的层级和数量。

（2）划分方式

组织穿孔、爆破、铲装、运输、排水、供配电等专门力量，发动全员参与、全方位、全过程对生产工艺、设备设施、作业环境和人员行为等方面存在的安全风险进行排查。

以工艺流程、作业区域、设备设施等为单元按其所包含的设备设施、场所、操作管理和作业活动等进行细分，建立作业活动和设备设施风险清单。

对操作及作业活动等风险点的划分，应涵盖生产经营全过程所有常规和非常规状态的作业活动。同时，利用岗位人员对作业活动熟悉的优势，对单元中的作业活动、作业环境、设备设施、岗位人员、安全管理等方面进行全面的安全风险辨识。要突出关键岗位或危险场所，查明风险影响因素、成因、可能的影响范围和事故类型，并将风险等级高、可能导致严重后果的作业活动列为风险点，作为管控风险的重点。

（3）确定风险点

对全员参与划分出的风险点（见表3.5），组织安全、生产、技术、设备等部门人员和专业技术人员集中审查、确认，建立风险点台账。

表 3.5　露天矿山工艺流程风险点（示例）

工艺流程	风险点名称
穿孔	穿孔作业、钻机
爆破	爆破作业
铲装	铲装作业、铲装设备
运输	运输作业
	矿用运输车辆
	运输道路
卸矿	卸矿平台
排水	排水作业、排水设施
检维修	焊接作业
	电工作业

3.3.5　危险源辨识

1）辨识方法

生产过程中的危险源辨识宜采用工作危害分析法（Job Hazard Analysis，JHA）。即针对每个作业活动中的每个步骤或内容，识别出与此步骤或内容有关的危险源，建立活动清单；企业可针对设备设施等宜采用安全检查表法（Safety Check List，SCL）进行危险源辨识，建立设备设施清单；对于复杂工艺可采用危险与可操作性分析法（Hazard and Operability Study，HAZOP）、危险度评价、事故树分析法等进行危险源辨识。

2）辨识范围

危险源的辨识范围应覆盖所有作业活动和设备设施，应包括以下内容：

①规划、设计（重点是新、改、扩建项目）和建设、投产、运行等阶段；

②常规和非常规作业活动；

③事故及潜在的紧急情况；

④所有进入作业场所人员的活动；

⑤原材料、产品的运输和使用过程；

⑥作业场所的设施设备、车辆、安全防护用品；

⑦工艺、设备、管理、人员等变更；

⑧丢弃、废弃、拆除与处置；

⑨气候、地质及环境影响等。

3）危险源辨识

企业应对全体员工进行危险源辨识方法的培训，按确定的辨识范围组织全员有序地开展危险源辨识。辨识时应依据现行国家标准 GB/T 13861 的规定充分考虑 4 种不安全因素：人的因素、物的因素、环境因素、管理因素，还应充分考虑国家安监总局组织编写的《工贸行业较大危险因素辨识与防范指导手册》中提及的较大危险因素。

运用工作危害分析法对作业活动开展危险源辨识时，应在将作业活动划分为作业步骤或作业内容的基础上，系统地辨识危险源。在划分作业活动时，应以生产（工艺、工作）流程的阶段划分为主，也可采取按地理区域划分、按作业任务划分的方法，或采取几种方法的有机结合。划分出的作业活动在功能或性质上相对独立，既不能太复杂（如包括多达几十种作业步骤或内容），也不能太简单（如仅由一两个作业步骤或内容构成）。

运用安全检查表法对场所、设备设施等进行危险源辨识，应将设备设施按功能或结构划分为若干个项目，针对每一个检查项目，列出检查标准，对照标准逐项检查，并确定不符合标准的情况和后果。

4）风险评价

宜选择风险矩阵分析法（LS）、作业条件危险性分析法（LEC）、风险程度分析法（MES）等方法对风险进行定性、定量评价，并根据评价结果按从严从高的原则判定评价级别。

在对风险点和各类危险源进行风险评价时，应结合自身可接受风险实际，制定事故（事件）发生的可能性、严重性、频次、风险值的取值标准和评价级别，进行风险评价。风险判定准则的制定应充分考虑以下要求：

①有关安全生产法律、法规；

②设计规范、技术标准；

③本单位的安全管理、技术标准；

④本单位的安全生产方针和目标等；

⑤相关方的投诉。

5）危险源和风险点分级

遵循定性和定量相结合的原则，对每个危险源进行评价分级，将危险源分为 1、2、3、4 级，并将风险点各危险源评价出的最高风险级别作为该风险点的级别。风险级别从高到低划分为重大风险、较大风险、一般风险和低风险，分别用红、橙、黄、蓝 4 种颜色标示。

①D 级 /4 级 / 蓝色 / 轻度危险：属于低风险，由班组、岗位管控。

②C 级 /3 级 / 黄色 / 显著危险：属于一般风险，由部室（车间级）、班组、岗位管控，需要控制整改。

③B 级 /2 级 / 橙色 / 高度危险：属于较大风险，由公司（厂）级、部室（车间级）、班组、岗位管控，应制定建议改进措施进行控制管理。

④A 级 /1 级 / 红色 / 极其危险：属于重大危险，由公司（厂）级、部室（车间级）、班组、岗位管控，并应立即整改，并视具体情况决定是否停产整改，需停产整改的，只有当风险降至可接受后，才能开始或继续工作。

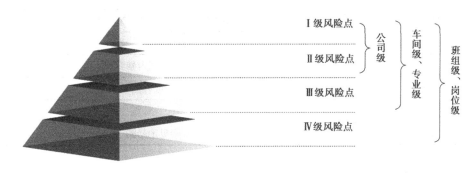

图 3.3　风险分级管控

（1）采用的风险分析方法介绍

①作业条件危险性分析法——LEC。

适用于开展风险分析的方法有很多，开展风险分析的方法一般包括安全检查表法（SCL）、作业条件危险性分析法（LEC）、事故树分析法（FTA）、风险矩阵分析法（RM）、作业风险分析法（TRA）等。根据易于操作性，并结合实际情况，本指南主要介绍作业条件危险性分析法——LEC 法。

美国的 K.J. 格雷厄姆（Keneth J.Graham）和 G.F. 金尼（Gilbert F.Kinney）研究了人们在有潜在危险环境中作业的危险性，提出了以所评价的环境与某些作为参考环境的对比为基础，将作业条件的危险性作为因变量（D），事故或危险事件发生的可能性（L）、暴露于危险环境的频率（E）及危险严重程度（C）作为自变量，确定了它们之间的函数式 $D=L×E×C$。

他们根据实际经验给出了 3 个自变量的各种不同情况的分数值，采取对所评价对象根据情况进行"打分"的办法，然后根据公式计算出其危险性分数值，再按危险性分数值划分危险程度等级表，查出其危险程度，见表 3.6。这是一种简单易行的评价作业条件危险性的方法。

表 3.6　作业条件危险性分析表

L——发生事故可能性的大小

分值 / 分	事故发生的可能性
10	完全可以预料
6	相当可能
3	可能，但不经常
1	可能性小，完全意外
0.5	很不可能，可以设想
0.2	极不可能
0.1	实际不可能

E——人体暴露在危险环境中的频繁程度

分值 / 分	暴露在危险环境中的频繁程度
10	连续暴露
6	每天工作时间内暴露
3	每周一次，或偶然暴露
1	每月一次暴露
0.5	非常罕见地暴露

C——发生事故产生的后果

分值 / 分	发生事故产生的后果
100	大灾难，许多人死亡
40	灾难，数人死亡
15	非常严重，一人死亡
7	严重，重伤
3	重大，致残
1	引人注目，需要救护

D——危险性分值

D 值	危险程度
> 320	极其危险，不能继续作业
160~320	高度危险，要立即整改
70~160	显著危险，需要整改
20~70	一般危险，需要注意
< 20	稍有危险，可以接受

②安全检查表法——SCL。

安全检查表法（Safety Checklist Analysis，SCL）是依据相关标准、规范，对工程、系统中已知的危险类别、设计缺陷以及与一般工艺设备、操作、管理有关的潜在危险性和有害性进行判别检查。适用于工程、系统的各个阶段，是系统安全工程的一种最基础、最简便，且被广泛应用的系统危险性评价方法。

为了系统地找出系统中的不安全因素，将系统加以剖析，列出各层次的不安全因素，然后确定检查项目，并以提问的方式把检查项目按系统的组成顺序编制成表，以便进行检查或评审，这种表叫作安全检查表。安全检查表是进行安全检查，发现和查明各种危险和隐患，监督各项安全规章制度的实施，及时发现并制止违章行为的一个有力工具。由于这种检查表可事先编制并组织实施，自 20 世纪 30 年代开始应用以来已发展为预测和预防事故的重要手段。

A. 安全检查表的优缺点：

a. 能够事先编制，故可有充分的时间组织有经验的人员来编写，做到系统化、完整化，不致漏掉能导致危险的关键因素；

b. 可根据规定的标准、规范和法规，检查遵守的情况，并提出准确的评价；

c. 表的应用方式是有问有答，给人深刻印象，能起到安全教育的作用。表内还可注明改进措施的要求，隔一段时间后重新检查改进情况；

d. 简明易懂，容易掌握；

e. 只能作定性的评价，不能给出定量评价结果；

f. 只能评价已经存在的对象。

B. 安全检查表的编制：

安全检查表应列举需查明的所有会导致事故的不安全因素。它采用提问的方式，要求回答"是"或"否"，"是"表示符合要求，"否"表示存在问题，有待进一步改进。所以，在每个提问后也可设改进措施栏。每个检查表均需注明检查时间、检查者、直接负责人等信息，以便分清责任。安全检查表的设计应做到系统、全面，检查项目应明确。

编制安全检查表的主要依据：

a. 有关标准、规程、规范及规定。为了保证安全生产，国家及有关部门发布了各类安全标准及有关的文件，这些是编制安全检查表的一个主要依据。为了便于工作，有时将检查条款的出处加以注明，以便能尽快统一意见。

b. 国内外事故案例。收集国内外同行业及同类产品行业的事故案例，从中发掘出不安全因素，作为安全检查的内容。国内外及本单位在安全管理及生产中的有关经验，也是一项重要内容。

c. 通过系统分析确定的危险部位及防范措施，都是安全检查表的内容。

d. 研究成果。在现代信息社会和知识经济时代，知识的更新很快，编制安全检查表必须采用最新的知识和研究成果，包括新的方法、技术、法规和标准。

（2）确定风险等级

①确定矿山作业岗位风险等级。通过对岗位作业人员的作业活动过程调查，结合作业场所的工程分析、现场调查、环境分析等手段，全面识别岗位作业过程中所存在的各种风险因素；通过 LEC 法，判定风险因素等级，由此来确定岗位作业人员风险管控层级。

矿山企业应根据矿山生产实际情况，确定金属非金属露天矿山作业现场危险性较大的作业岗位数量。为有效落实风险管控，结合作业条件危险性分析法——LEC 法，将作业岗位风险等级划分为 4 个级别，见表 3.7。

表 3.7　金属非金属露天矿山岗位风险分级

风险等级	危险程度	D 值
一级（红）	极其危险，不能继续作业	>320
二级（橙）	高度危险，要立即整改	160~320
三级（黄）	显著危险，需要整改	70~160
四级（蓝）	一般危险，需要注意	<70

通过风险识别与管控措施表中风险等级一栏，取最高风险值来确定岗位风险等级。

②确定矿山特殊场所风险等级。根据《国家安全监管总局关于严防十类非煤矿山生产安全事故的通知》（安监总管—〔2014〕48 号）要求，结合金属非金属露天矿山实际，在安全管理过程中，应重点加强对特殊场所（如边坡、防排水及排土场等）的分级管控。为有效落实矿山特殊场所风险管控，结合安全检查表法——SCL，以检查表的形式，对矿山企业特殊场所安全管理现状进行评分并得出 T 值，并根据 T 值大小，将矿山特殊场所风险等级划分为 4 个级别，见表 3.8。

表 3.8　金属非金属露天矿山特殊场所风险分级

风险等级	分值（T）
一级（红）	$T < 7$
二级（橙）	$7 \leqslant T < 8$
三级（黄）	$8 \leqslant T < 9$
四级（蓝）	$T > 9$

在矿山企业特殊场所安全风险分级中，对矿山企业特殊场所各个管理环节中的安全管理进行评分，最后汇总各管理单元得分，结合表 3.8，来确定矿山企业该特殊场所的安全风险等级。

③确定矿山安全生产管理风险等级。为有效落实矿山安全管理现状的风险管控，结合安全检查表法——SCL，以检查表的形式，对矿山企业安全管理体系现状进行评分，得出 G 值，并根据 G 值大小，将矿山安全管理风险等级划分为 4 个级别，见表 3.9。

表 3.9　金属非金属露天矿山安全管理风险分级

风险等级	分值（G）
一级（红）	$G < 70$
二级（橙）	$70 \leqslant G < 80$
三级（黄）	$80 \leqslant G < 90$
四级（蓝）	$G > 90$

矿山安全管理风险分级是对矿山管理过程中的安全生产基本条件、安全管理状况、总平面布置、采剥工程、矿山运输、机电管理等各个环节综合评分，汇总得分后，便可确定企业安全管理风险等级。

3.3.6　制定风险管控措施

在制定风险控制措施时，应从工程技术措施、管理措施、培训教育措施、个体防护措施、应急处置措施这五类中进行选择，并进行分级管制。随后，根据这些措施编制分级管控措施表，见表 3.10。

风险控制措施的选择应考虑可行性、可靠性、先进性、安全性、经济合理性、经营运行情况及可靠的技术保障和服务。

设备设施类危险源通常采取以下控制措施：安全屏护、报警、联锁、限位等工艺设备本身固有的控制措施和检查、检测、维保等常规的管理措施。

作业活动类危险源的控制措施通常考虑以下方面：制度、操作规程的完备性、管理流程合理性、作业环境可控性、作业对象完好状态及作业人员技术能力等。

不同级别的风险要结合实际采取一种或多种措施进行控制，对于评价出的不可接受风险，应制定补充建议措施并有效实施，直至风险可以接受。

风险控制措施应在实施前评审以下内容：

①可行性和有效性；

②是否使风险降至可以接受的程度；

③是否产生新的风险；

④是否已选定了最佳解决方案；

⑤是否会被应用于实际工作中。

表3.10 金属非金属露天矿山风险分级管控措施

序号	风险类别	风险等级	管控层级	管控措施	责任单位	责任人
1		一级	公司		×××	×××
2		二级	车间		×××	×××
3		三级	班组		×××	×××
4		四级	岗位		×××	×××

注：风险类别对应作业岗位风险、特殊场所风险和矿山安全生产管理风险。

3.3.7 落实管控主体

风险分级管控应遵循风险越高管控层级越高的原则,合理确定各级风险点的管控层级、责任单位和责任人进行有效管控。企业应将公司、部门、车间、班组（岗位）确定为重大风险、较大风险、一般风险和低风险的管控主体。小型露天采石场企业可合并管控层级。

3.3.8 编制风险分级管控清单

在风险点确定、危险源辨识、风险分级、管控措施制定后，分类编制风险分级管控清单（见表3.11、表3.12），并按规定及时更新。

表 3.11 作业活动风险分级管控清单

风险点		作业步骤名称	危险源或潜在事件	评价级别	风险分级	可能发生的事故类型及后果	管控措施					管控层级	责任单位	责任人
编号	名称						工程技术措施	管理措施	培训教育措施	个体防护措施	应急处理措施			
1	穿孔作业	作业前准备	钻工不具备上岗条件	4	蓝	机械伤害物体打击高处坠落			1. 召开班前安全会议；2. 每季度进行一次安全技术培训	安全帽、防尘口罩、防护鞋、反光背心	随身携带应急处置卡、掌握应急处置措施和程序	班组级	穿孔班	班组长
			未对钻机及附属设施进行检查	4	蓝	机械伤害						班组级	穿孔班	班组长
			作业环境不良	3	黄	机械伤害高处坠落	1. 人工或用挖掘机清理险、浮石；2. 边坡边缘设防护网	1. 作业前进行边坡安全检查；2. 作业区域内及下部台阶近边坡底线无铲装设备同时作业				车间级	生产科	生产科长

表 3.12　设备设施风险分级管控清单

风险点			标准	评价级别	风险级别	不符合标准情况及后果	管控措施						管控层级	责任单位	责任人
编号	名称	检查项目名称					工程技术措施	管理措施	培训教育措施	个体防护措施	应急处置措施				
1	钻机	连接部件	牢靠紧固	4	蓝	松动/机械伤害		作业前检查，发现松动立即紧固					班组级	穿孔班	班组长
		防护罩	外观完好，连接牢靠	3	黄	防护罩损坏/机械伤害		发现损坏立即维修					车间级	生产科	生产科长
		液压元件	各部液压元件应齐全完好，液压管路连接可靠，无渗漏	4	蓝	松动、有渗漏现象/火灾	对液压元件维护保养	作业前检查，发现渗漏立即更换					班组级	穿孔班	班组长
		各润滑点	润滑良好	4	蓝	干涩、运行不畅/机械伤害	对润滑部位进行维护保养	检查润滑部位，发现干涩及时加注润滑油					班组级	穿孔班	班组长
		压风管	压风管接头完好，无漏风现象	4	蓝	连接不牢/机械伤害		开机前检查，发现漏风立即处理					班组级	穿孔班	班组长
		除尘设施	运转正常，效果良好	4	蓝	运行异常/其他伤害		检查除尘效果是否良好					班组级	穿孔班	班组长

3.3.9　风险告知

1）全员培训

企业应统一组织各部门分岗位、分门类对风险点、危险源管控措施进行培训考核，还应将风险分级管控清单中有关管控措施直接作为"应知应会"内容，编入企业全员考试题库，使员工全面了解并掌握岗位风险和管控措施。

2）风险公告

企业应进行安全风险告知，在醒目位置和重点区域分别设置安全风险公告栏，制作岗位安全风险告知卡，如图 3.4 所示。标明主要安全风险、可能引发事故隐患类别、事故后果、管控措施、应急措施及报告方式等内容。对存在重大安全风险的工作场所和岗位，要设置明显标志，制定重大风险统计表，见表 3.13，并加强危险源监测和预警。

根据风险分级管控清单将设备设施、作业活动及工艺操作过程中存在的风险及应采取的措施，企业应通过培训方式告知各岗位人员及相关方，使其掌握规避风险的措施并落实到位。

正面				背面
科室	采矿场	岗位	驾驶员	风险管控措施
岗位风险等级：B				1. 爬坡时提前换挡，不得高速挡冲坡再换低挡。 2. 跟车保持安全距离，矿区上坡至少 50 m。 3. 加油站附近禁止接打电话、吸烟。 4. 运输车辆通过十字路口时须观察情况后方可通过。 5. 发现人员进入铲装区域内时应停止作业，劝离人员
报告电话		⋯		
风险内容				
1. 运输车辆在爬坡时，未选择合适的挡位行驶。 2. 运输车辆在行驶时，后车与前车的车距过近。 3. 运输车辆驾驶员在加油站接打电话、吸烟。 4. 运输车辆在通过十字路口、交叉路口时未仔细观察路口情况便强行通过。 5. 铲装作业时，运输车辆驾驶员在铲装设备半径内检查车辆				应急处置措施
				1. 发生人员、车辆事故后，驾驶员应立即抢救伤者，并应立即与有关部门取得联系，反映情况。 2. 发生机械伤害事故后，发现有人受伤，应立即关闭运行机械，立即向周围呼救，并向项目部汇报。 3. 发生高处坠落事故后，现场人员应及时抢救伤员
事故				
机械以及车辆伤害、坍塌、高处坠落				

图 3.4　以驾驶员岗位为例的风险告知卡设置（样式）

表 3.13　重大风险点统计表

序号	名称	类型	区域位置	可能发生的事故类型及后果	主要风险控制措施	管控层级	责任单位	责任人	备注
1	边坡	设备设施类	矿区东侧	坍塌	1. 采取自上而下的开采顺序，分台阶或分层开采，台阶（分层）参数软符合要求； 2. 作业前，对工作面进行检查，清除危岩和其他危险物体； 3. 对采场工作帮每季度检查一次，高陡边坡要每月检查一次； 4. 对运输和行人的非工作帮，定期进行安全稳定性检查，发现坍塌或滑落征兆，立即停止作业，撤出人员和设备； 5. 每 5 年由有资质的中介机构进行一次检测和稳定性分析	公司级	—	主要负责人 ×××	直判
2	爆破作业	作业活动类	采场	放炮、火药爆炸	1. 爆破员经专门的安全技术培训并考核合格，持证上岗； 2. 爆破材料必须用专车运送； 3. 严禁边打眼边装药，边卸药边装药，边注线边作业； 4. 在雷雨天气时，严禁爆破作业	公司级	—	主要负责人 ×××	直判（涉及 10 人以上危险作业的）

重大风险包括经风险评价确定为最高级别的风险和根据矿山实际直接定性出的重大风险。以下情形应判定为重大风险：

①上一年度内发生过死亡事故，且现在发生事故的条件依然存在的；

②对于违反国家有关法律、法规、标准及其他要求中强制性条款的；

③与相邻的露天矿山采矿许可证范围之间小于 300 m 的；

④采场最终边坡未按设计确定的宽度预留安全平台和清扫平台的；

⑤采用的开采方式和台阶高度不符合设计要求的；

⑥露天矿山未采用分台阶或分层开采的；

⑦穿孔、爆破等作业现场 9 人以上的；

⑧高度在 100 m 及以上的边坡或排土场；

⑨危险级排土场。

重大风险确定后，企业应汇总，并形成重大风险点统计表。

重大风险管控措施制定要求：对确定为重大风险的，在制定风险控制措施时，应尽可能地采取较高级的风险控制方法，并多级控制。需通过工程技术措施才能控制的风险，应制订控制该类风险的目标并为实现该目标制订方案。

3.3.10　文件管理

企业应完整保存体现风险分级管控过程的记录资料，并分类建档管理。记录资料应至少包括风险分级管控体系建设管控制度、风险点台账、危险源辨识与风险评价表，以及风险分级管控清单等内容的文件化成果；涉及重大、较大风险时，其辨识、评价过程记录，风险控制措施及其实施和改进记录等，应单独建档管理。

3.3.11　持续改进

1）评审

公司每年至少对风险分级管控体系进行一次系统性评审，并对评审结果进行公示和公布。

2）更新

公司应根据以下情况变化对风险管控的影响，及时针对变化范围开展风险分析，更新风险信息：

①法规、标准等增减、修订变化所引起风险程度的改变；

②发生事故后，有对事故、事件或其他信息的新认识，对相关危险源的再评价；

③组织机构发生重大调整；

④风险程度变化后，需要对风险控制措施的调整；

⑤根据非常规作业活动、新增功能性区域、装置或设施以及其他变更情况等适时开展危险源辨识和风险评价。

3.4　隐患排查治理体系构建

《安全生产事故隐患排查治理暂行规定》（原国家安全生产监督管理总局令第16号）规定所称安全生产事故隐患（以下简称"事故隐患"），是指生产经营单位违反安全生产法律、法规、规章、标准、规程和安全生产管理制度的规定，或者因其他因素在生产经营活动中存在可能导致事故发生的物的危险状态、人的不安全行为和管理上的缺陷。

事故隐患分为一般事故隐患和重大事故隐患。一般事故隐患是指危害和整改难度较小，发现问题后能够立即整改、排除的隐患。重大事故隐患是指危害和整改难度较大，应当全部或者局部停产停业，并经过一定时间整改治理方能排除的隐患，或者因外部因素影响致使生产经营单位自身难以排除的隐患。

第五条　各级安全监管监察部门按照职责对所辖区域内生产经营单位排查治理事故隐患工作依法实施综合监督管理；各级人民政府有关部门在各自职责范围内对生产经营单位排查治理事故隐患工作依法实施监督管理。

第六条　任何单位和个人发现事故隐患，均有权向安全监察部门和有关部门报告。

安全监管监察部门接到事故隐患报告后，应当按照职责分工立即组织核实并予以查处；发现所报告事故隐患应当由其他有关部门处理的，应当立即移送有关部门并记录备查。

第七条　生产经营单位应当依照法律、法规、规章、标准和规程的要求从事生产经营活动。严禁非法从事生产经营活动。

第八条　生产经营单位是事故隐患排查、治理和防控的责任主体。

生产经营单位应当建立健全事故隐患排查治理和建档监控等制度，逐级建立并落实从主要负责人到每个从业人员的隐患排查治理和监控责任制。

第九条　生产经营单位应当保证事故隐患排查治理所需的资金，建立资金使用专项制度。

第十条　生产经营单位应当定期组织安全生产管理人员、工程技术人员和其他相关人员排查本单位的事故隐患。对排查出的事故隐患，应当按照事故隐患的等级进行登记，建立事故隐患信息档案，并按照职责分工实施监控治理。

第十一条　生产经营单位应当建立事故隐患报告和举报奖励制度，鼓励、发动职工发现和排除事故隐患，鼓励社会公众举报。对发现、排除和举报事故隐患的有功人员，应当给予物质奖励和表彰。

第十二条　生产经营单位将生产经营项目、场所、设备发包、出租的，应当与承包、承租单位签订安全生产管理协议，并在协议中明确各方对事故隐患排查、治理和防控的管理职责。生产经营单位对承包、承租单位的事故隐患排查治理负有统一协调和监督管理的职责。

第十三条　安全监管监察部门和有关部门的监督检查人员依法履行事故隐患监督检查职责时，生产经营单位应当积极配合，不得拒绝和阻挠。

第十四条　生产经营单位应当每季、每年对本单位事故隐患排查治理情况进行统计分析，并分别于下一季度 15 日前和下一年 1 月 31 日前向安全监管监察部门和有关部门报送书面统计分析表。统计分析表应当由生产经营单位主要负责人签字。

对于重大事故隐患，生产经营单位除依照前款规定报送外，应当及时向安全监管监察部门和有关部门报告。重大事故隐患报告内容应当包括：

（一）隐患的现状及其产生原因；

（二）隐患的危害程度和整改难易程度分析；

（三）隐患的治理方案。

第十五条　对于一般事故隐患，由生产经营单位（车间、分厂、区队等）负责人或者有关人员立即组织整改。

对于重大事故隐患，由生产经营单位主要负责人组织制订并实施事故隐患治理方案。重大事故隐患治理方案应当包括以下内容：

（一）治理的目标和任务；

（二）采取的方法和措施；

（三）经费和物资的落实；

（四）负责治理的机构和人员；

（五）治理的时限和要求；

（六）安全措施和应急预案。

第十六条　生产经营单位在事故隐患治理过程中，应当采取相应的安全防范措施，防止事故发生。事故隐患排除前或者排除过程中无法保证安全的，应当从危险区域内撤出作业人员，并疏散可能危及的其他人员，设置警戒标志，暂时停产停业或者停止使用；对暂时难以停产或者停止使用的相关生产储存装置、设施设备，应当加强维护和保养，防止事故发生。

第十七条　生产经营单位应当加强对自然灾害的预防。对于因自然灾害可能导致事故灾难的隐患，应当按照有关法律、法规、标准和本规定的要求排查治理，采取可靠的预防措施，制定应急预案。在接到有关自然灾害预报时，应当及时向下属单位发出预警通知；发生自然灾害可能危及生产经营单位和人员安全的情况时，应当采取撤离人员、停止作业、加强监测等安全措施，并及时向当地人民政府及其有关部门报告。

第十八条　地方人民政府或者安全监管监察部门及有关部门挂牌督办并责令全部或者局部停产停业治理的重大事故隐患，治理工作结束后，有条件的生产经营单位应当组织本单位的技术人员和专家对重大事故隐患的治理情况进行评估；其他生产经营单位应当委托具备相应资质的安全评价机构对重大事故隐患的治理情况进行评估。

经治理后符合安全生产条件的，生产经营单位应当向安全监管监察部门和有关部门提出恢复生产的书面申请，经安全监管监察部门和有关部门审查同意后，方可恢复生产经营。申请报告应当包括治理方案的内容、项目和安全评价机构出具的评价报告等。

3.4.1　成立组织机构

企业应建立健全隐患排查治理体系建设工作责任体系，应结合本单位部门职能和分工，成立以单位主要负责人为组长，单位相关部门人员参加的隐患排查治理体系建设领导机构，领导、组织本单位生产安全事故隐患排查治理体系建设工作，对体系建设、运行情况进行调度、督导和考核。该体系可与风险分级管控体系建设领导机构合并运行。金属非金属矿山成立以矿山主要负责人为组长，各分管负责人为副组长，各科室或部门负责人为成员的隐患排查治理领导小组，小组下设办公室，办公室设在矿山安全生产管理部门。隐患排查治理工作应以全体员工为基础，形成自上而下的组织保障。

企业应明确主要负责人、分管负责人、各部门负责人及重要岗位人员在隐患排查治理体系建设应履行的职责，形成责任分工表，见表3.14，并应在安全生产责任制中增加相关职责。

表3.14　责任分工表

人员	责任内容
非煤露天矿山主要安全负责人	非煤露天矿山安全负责人负责管理本矿山安全生产工作，是矿山隐患排查治理工作的第一责任人，负组织和领导责任
分管安全负责人 安全生产管理部门 车间（部门） 班组 岗位人员	协助主要负责人实施隐患排查治理工作，组织矿级的隐患排查，隐患排查工作办事机构，汇总分析隐患排查的数据，并负责上报车间（部门） 负责人负责本车间（部门）的隐患排查 各班的班组长是第一责任人，负责本组的隐患排查 负责所在岗位的隐患排查

主要负责人：负责督促、检查本矿山的安全生产工作，及时消除生产安全事故隐患，他是全矿隐患排查治理的第一责任人，负有组织和领导责任。

分管安全负责人：协助主要负责人实施隐患排查治理工作，组织矿级的隐患排查。

安全生产管理部门：隐患排查工作办事机构，汇总分析隐患排查的数据，并负责上报。

车间、部门：负责各自职责范围内的隐患排查。

班组：班组长是班组隐患排查治理的第一责任人，负责各自职责范围内的隐患排查。

岗位人员：负责所在岗位的隐患排查。

3.4.2　制度建设

体系建设实施方案，明确生产安全事故隐患排查治理体系建设的工作目标、实施步骤、工作任务、进度安排等。该方案应提出具体的隐患排查治理体系建设保障措施，从组织协调、资金保障、培训交流、督查考核等方面制定措施。可与风险分级管控体系建设实施方案一并制定。

（1）隐患排查治理制度

隐患排查治理制度规定生产安全事故隐患排查治理体系建设工作流程，明确各层次隐患排查治理职责；规定生产安全事故隐患排查治理体系建设、运行和管理的措施，明确排查主体、周期、内容及实施流程，确定隐患整改、验收工作流程等。

（2）培训教育制度

培训教育制度规定企业安全管理部门和各基层单位培训教育职责，规定培训计划、培训内容、培训投入等的制定原则和标准，明确员工熟知本岗位隐患排查清单的学习义务。可与风险分级管控体系和培训教育制度一并制定。

（3）运行管理考核制度

运行管理考核制度规定各部门、各单位隐患排查治理的运行流程和考核标准，包括排查实施、隐患报告、隐患治理、验收审核和考核奖惩等内容。

3.4.3　隐患排查

隐患排查即依据隐患排查清单对露天矿山隐患进行排查，见表3.15。在隐患排查系统中，隐患排查项目可分为基础管理类隐患排查项目和生产现场类隐患排查项目。

基础管理类隐患包括以下方面存在的问题或缺陷：生产经营单位资质证照不全；安全生产管理机构及人员；安全生产责任制；安全生产管理制度；教育培训；安全生产管理档案；安全生产投入；应急管理；职业卫生基础管理；相关方安全管理；基础管理的其他方面。

生产现场类隐患包括以下方面存在的问题或缺陷：设备设施；场所环境；从业人员操作行为；消防及应急设施；供配电设施；职业卫生防护设施；辅助动力系统；现场其他方面。

金属非金属露天矿山建立公司、车间（部门）、班组、岗位四级隐患排查体系，明确一级抓一级，一级向一级负责的隐患排查制度。

表 3.15　隐患排查清单

排查项目	排查内容	排查标准	排查结果	组织级别	排查周期	排查人员
基础管理	安全管理制度和安全操作规程	企业应制定露天开采安全管理制度和岗位操作流程	符合要求／或记录具体情况	公司级	依据排查等级	×××
现场作业	警示标识	露天矿边界应设置可靠的围栏或醒目的警示标识	合格／或记录具体情况		依据排查等级	×××
	采场	多台设备作业时，其安全距离是否满足要求	合格／或记录具体情况		依据排查等级	×××
	车辆运输	运输过程中是否存在超员、超速、超载的现象	合格／或记录具体情况		依据排查等级	×××
	边坡	无危及安全的悬石、松石、浮石	合格／或记录具体情况		依据排查等级	×××
……	……	……	……	……	……	……

注：排查类型主要包括日常隐患排查、综合性隐患排查、专业或专项隐患排查、季节性隐患排查等。

1）岗位查隐患

岗位实行一班三检，在作业前、作业中、作业后对设备和环境进行检查，发现隐患立即停止施工，及时排除，不能立即排除的，及时上报班组长。

2）班组查隐患

班组长也实行一班三检，一个班组包含几个作业面，班组长采取巡回检查方式，负责本班组作业现场的隐患排查，分为凿岩组（穿孔设备和空压机）、爆破组、铲装组（挖掘机、装载机、液压破碎锤）、运输组、维修班（电气焊）、辅助组（洒水、排水）。

3）车间（部门）查隐患

各车间负责本车间内多个班组的隐患排查，由车间主任、副主任、车间安全员实施，每天（班）至少一次。

安全科负责全矿的安全隐患排查，由安全科的人员实施，每天至少（班）一次。安全科人员每天（班）还应认真填写管理人员隐患排查记录。安全科具有处罚权，可以对隐患所在单位实施处罚。

财务科负责本部门的安全隐患排查，例如，安全费用提取和使用是否符合法律法规的要求等，发现隐患及时上报至安全科。

技术部门负责排查水文地质和图纸技术资料等方面的隐患，发现隐患及时上报至安全科。

其他部门应按职责分工，排查职责范围内的安全隐患，发现隐患及时上报至安全科。

4）公司级查隐患

主要负责人或分管安全负责人组织安全生产管理人员、工程技术人员和其他相关人员，每旬开展一次覆盖生产现场 100% 的隐患排查。主要负责人或分管安全负责人，可以直接对隐患单位进行处罚，应填写《金属非金属露天开采矿山安全生产检查表》。

上述隐患排查内容应包括专业检查、季节性检查、节假日检查。专业检查包括边坡、排土场、供电系统、排水系统、运输系统、紧急通信系统、爆破器材存放点、油库、其他重要设备和装置。

3.4.4　隐患分级

根据隐患整改、治理和排除的难度及其可能导致的事故后果和影响范围，分为一般事故隐患和重大事故隐患。

1）隐患分级

一般事故隐患：隐患危害和整改难度较小，发现后能够立即整改排除的隐患。

重大事故隐患：危害和整改难度较大，无法立即整改排除，需要全部或者局部停产停业，并经过一定时间整改治理方能排除的隐患，或者因外部因素影响致使生产经营单位自身难以排除的隐患。

国家矿山安全监察局关于印发《金属非金属矿山重大事故隐患判定标准》的通知（矿安〔2022〕88 号），国家矿山安全监察局制定印发的《金属非金属矿山重大事故隐患判定标准》，列举了金属非金属露天矿山应当判定为重大事故隐患的情形。

（一）地下开采转露天开采前，未探明采空区和溶洞，或者未按设计处理对露天开采安全有威胁的采空区和溶洞。

（二）使用国家明令禁止使用的设备、材料或者工艺。

（三）未采用自上而下的开采顺序分台阶或者分层开采。

（四）工作帮坡角大于设计工作帮坡角，或者最终边坡台阶高度超过设计高度。

（五）开采或者破坏设计要求保留的矿（岩）柱或者挂帮矿体。

（六）未按有关国家标准或者行业标准对采场边坡、排土场边坡进行稳定性分析。

（七）边坡存在下列情形之一的：

1.高度 200 m 及以上的采场边坡未进行在线监测；

2.高度 200 m 及以上的排土场边坡未建立边坡稳定监测系统；

3.关闭、破坏监测系统或者隐瞒、篡改、销毁其相关数据、信息。

（八）边坡出现滑移现象，存在下列情形之一的：

1. 边坡出现横向及纵向放射状裂缝；

2. 坡体前缘坡脚处出现上隆（凸起）现象，后缘的裂缝急剧扩展；

3. 位移观测资料显示的水平位移量或垂直位移量出现加速变化的趋势。

（九）运输道路坡度大于设计坡度10%以上。

（十）凹陷露天矿山未按设计建设防洪、排洪设施。

（十一）排土场存在下列情形之一的：

1. 在平均坡度大于 1∶5 的地基上顺坡排土，未按设计采取安全措施；

2. 排土场总堆置高度2倍范围以内有人员密集场所，未按设计采取安全措施；

3. 山坡排土场周围未按设计修筑截、排水设施。

（十二）露天采场未按设计设置安全平台和清扫平台。

（十三）擅自对在用排土场进行回采作业。

所有不能立即整改的隐患都要汇总上报到安全科，安全科进行初步判定为一般隐患或重大隐患，被判定为重大隐患的由安全科组织技术人员和专业人员进行再次判定，判定结果为重大事故隐患的，经分管负责人和主要负责人批准后生效。

非煤矿山企业有下列情形的，判定为重大安全生产隐患：

1. 没有按有关规定建立安全管理机构和安全生产制度，制定安全技术规程和岗位安全操作规程的；

2. 超能力、超强度、超定员组织生产的；

3. 相邻矿山开采错动线重叠，开采移动线与周边居民村庄、重要设备设施安全距离不符合相关要求，以及与相邻矿山开采相互严重影响安全的；

4. 有严重水患，没有采取有效防范措施的；

5. 没有按规定使用取得矿用产品安全标志的设备设施的；

6. 危险性较大的设备设施未按规定经有资质的安全检测检验机构检测，以及经检测检验不合格的；

7. 民爆器材库不符合规程规范要求以及违规、超量和混存的；

8. 危险级排土场（废石场）没有治理，以及没有采取有效安全措施的；

9. 开采周边安全距离不符合相关法律法规、标准规定的；

10. 没有采用自上而下顺序、分台阶（层）开采的；

11. 没有对高陡边坡采取监测监控措施，以及对较大滑坡体没有治理的；

12. 台阶参数和设备能力严重不匹配的。

2）存档告知

对排查出的事故隐患，应当按事故隐患等级填写矿山生产安全事故隐患排查治理记录，并进行隐患等级判定，建立事故隐患信息档案，并将事故隐患定期向从业人员通报。

3）统计分析

生产经营单位应当每月对本单位事故隐患排查情况进行统计分析。分析内容包括以下几点：

①隐患排查是否覆盖了要求的范围和类别；

②隐患排查是否遵循了"全面、抽样"的原则，是否遵循了重点部门、高风险和重大危险源适当突出的原则；

③隐患排查发现：包括确定隐患清单、隐患级别以及分析隐患的分布（包括隐患所在单位和地点的分布、种类）等。

3.4.5　隐患治理

1）隐患治理要求

隐患治理实行分级治理、分类实施的原则，主要包括岗位纠正、班组治理、车间治理、部门治理、公司治理等。隐患治理应做到方法科学、资金到位、治理及时有效、责任到人、按时完成。能立即整改的隐患必须立即整改，无法立即整改的隐患，治理前要研究制定防范措施，落实监控责任，防止隐患发展为事故，对于整改的隐患要汇总制定隐患排查治理台账，见表 3.16。

根据隐患整改难度的大小，由安全生产管理部门发出《隐患整改通知书》。隐患整改通知书的内容包括隐患的发现时间、地点、隐患情况的详细描述、隐患发生的原因、隐患整改的责任认定、隐患整改的负责人、隐患整改的方法要求、隐患整改完毕时间以及隐患整改验收人。

表 3.16　隐患排查治理台账

隐患名称	隐患等级	排查人	整改措施	整改责任单位	整改责任人	整改期限	完成时间	验收人
边坡有浮石	重大事故隐患	×××	立即停止作业，进行清理	×××	×××	×××	×年×月×日	×××
车辆运输有超速现象	重大事故隐患	×××	按要求对司机进行教育	×××	×××	×××	×年×月×日	×××
……	……	……	……	……	……	……	……	……

2）事故隐患治理流程

事故隐患治理流程包括通报隐患信息、下发隐患整改通知、实施隐患治理、治理情况反馈、验收等环节。

隐患排查结束后，将隐患名称、存在位置、不符合状况、隐患等级、治理期限及治理措施要求等信息向从业人员进行通报。隐患排查组织部门应制发隐患整改通知书，并对隐患整改责任单位、措施建议、完成期限等提出要求。隐患存在单位在实施隐患治理前应当对隐患存在的原因进行分析，制定可靠的治理措施。隐患整改通知制发部门应对隐患整改效果组织验收。

（1）一般隐患治理

①现场立即整改。

一般隐患中有些隐患如明显的违反操作规程和劳动纪律的行为，属于人身不安全行为中的一般隐患，排查人员一旦发现，应要求立即整改，并如实记录，以备对此类行为统计分析，确定是否为习惯性或群体性隐患。有些设备设施方面简单的不安全状态如安全装置没有启用、现场混乱等物的不安全状态等一般隐患，也应要求现场立即整改。

②限期整改。

有些一般隐患难以做到立即整改的，则应限期整改。由排查人员立即上报至班组、车间（部门）或公司，并汇总到安全生产管理部门。根据隐患整改难度的大小，由安全生产管理部门发出《隐患整改通知书》。

《隐患整改通知书》中需明确列出如隐患情况的排查发现时间和地点、隐患情况的详细描述、隐患发生原因的分析、隐患整改责任的认定、隐患整改负责人、隐患整改的方法和要求、隐患整改完毕的时间要求等。

限期整改需全过程监督管理，除对整改结果进行"闭环"确认外，还要在整改工作实施期间进行监督，以发现和解决可能临时出现的问题，保证按期完成整改。

（2）重大隐患治理

经判定或评估属于重大事故隐患的，企业应及时组织评估，并编制事故隐患评估报告书。评估报告书应包括事故隐患的类别、影响范围和风险程度以及对事故隐患的监控措施、治理方式、治理期限的建议等内容。

企业应根据评估报告书制订重大事故隐患治理方案。治理方案应包括下列主要内容：治理的目标和任务；采取的方法和措施；经费和物资的落实；负责治理的机构和人员；治理的时限和要求；防止整改期间发生事故的安全措施。

重大事故隐患治理方案应包括以下内容：

①治理的目标和任务；

②采取的方法和措施；

③经费和物资的落实；

④负责治理的机构和人员；

⑤治理的时限和要求；

⑥安全措施和应急预案。

（3）重大事故隐患治理过程中的安全防范措施

生产经营单位在事故隐患治理过程中，应采取相应的安全防范措施，防止事故发生。事故隐患排除前或排除过程中无法保证安全的，应从危险区域内撤出作业人员，并疏散可能危及的其他人员，设置警戒标志，暂时停产停业或停止使用；对暂时难以停产或停止使用的相关生产储存装置、设施设备，应当加强维护和保养，防止事故发生。

（4）重大事故隐患治理情况评估

治理工作结束后，安全生产管理部门组织本矿山的技术人员和专家对重大事故隐患的治理情况进行评估，该评估主要针对治理结果的效果，以确认其措施的合理性和有效性以及对隐患及其可能导致的事故的预防效果。

（5）重大事故隐患治理后的工作

重大事故隐患治理后并经过评估，符合安全生产条件的，生产经营单位应向安全生产监督管理部门和有关部门提出恢复生产的书面申请，经安全生产监督管理部门和有关部门审查同意后，方可恢复生产经营。申请报告应包括治理方案的内容、项目和安全评价机构出具的评价报告等。

（6）告知

矿山将事故隐患排查治理情况向从业人员通报，每月进行统计分析，并作出本月隐患排查治理工作的结论。

3）隐患治理措施

（1）工程技术措施

工程技术措施的实施等级顺序是直接安全技术措施、间接安全技术措施、指示性安全技术措施等；根据等级顺序要求需遵循的具体原则，应按消除、预防、减弱、隔离、连锁、警告的等级顺序选择安全技术措施；应具有针对性、可操作性和经济合理性并符合国家有关法规、标准和设计规范的规定。

根据安全技术措施等级顺序的要求，应遵循以下具体原则：

①消除：尽可能地从根本上消除危险、有害因素，如采用无害化工艺技术，生产中以无害物质代替有害物质、实现自动化作业、遥控技术等。

②预防：当消除危险、有害因素有困难时，可采取预防性技术措施，预防危险、危害的发生，如使用安全阀、安全屏护、漏电保护装置、安全电压、熔断器、防爆膜、事故排放装置等。

③减弱：在无法消除危险、有害因素和难以预防的情况下，可采取减少危险、危害的措施，如局部通风排毒装置、生产中以低毒性物质代替高毒性物质、降温措施、避雷装置、消除静电装置、减振装置、消声装置等。

④隔离：在无法消除、预防、减弱的情况下，应将人员与危险、有害因素隔开和将不能共存的物质分开，如遥控作业、安全罩、防护屏、隔离操作室、安全距离、事故发生时的自救装置（如防护服、各类防毒面具）等。

⑤连锁：当操作者失误或设备运行达到危险状态时，应通过连锁装置终止危险、危害的发生。

⑥警告：在易发生故障和危险性较大的地方，应配置醒目的安全色和安全标志，并在必要时设置声、光或声光组合报警装置。

（2）安全管理措施

安全管理措施往往在隐患治理工作中遭到忽视，即使有也是老生常谈式的提高安全意识、加强培训教育和加强安全检查等。其实，管理措施往往能系统性地解决很多普遍和长期存在的隐患，这就需要在实施隐患治理时，主动和有意识地研究分析隐患产生原因中的管理因素，发现和掌握其管理规律，通过修订有关规章制度和操作规程并贯彻执行来从根本上解决问题。

3.4.6 治理验收

隐患治理完成后，企业应根据隐患级别组织相关人员对治理情况进行验收，并实现闭环管理。重大隐患治理工作结束后，企业还应组织相关人员对治理情况进行复查评估。

1）一般隐患验收

一般隐患治理完成后，隐患整改通知制发部门将组织相关人员对隐患整改情况进行验收，并根据验收结果作出通过验收或重新整改的决定，以实现对隐患治理的闭环管理。

2）重大隐患验收

重大隐患治理完成后，企业应自行组织或委托具有相应资质的安全评价机构对治理情况进行评估。评估结论为符合安全生产条件的，企业应向政府相关监管部门提出恢复生产的申请。

3.4.7 文件管理

企业在隐患排查治理体系策划、实施及持续改进过程中，应完整保存体现隐患排查全过程的记录资料，并进行分类建档管理。记录资料至少应包括隐患排查治理制度、隐患排查治理台账、隐患排查项目清单等内容的文件成果。

重大事故隐患排查、评估记录，以及隐患整改复查验收记录等，应单独建档管理。

通过隐患排查治理体系的建设，企业至少应在以下方面有所改进：

①风险控制措施全面持续有效；

②风险管控能力得到加强和提升；

③隐患排查治理制度进一步完善；

④各级排查责任得到进一步落实；

⑤员工隐患排查水平进一步提高；

⑥对隐患频率较高的风险重新进行评价、分级，并制定完善的控制措施；

⑦生产安全事故明显减少；

⑧职业健康管理水平进一步提升。

3.4.8 持续改进

1）评审

企业应适时和定期对隐患排查治理体系的运行情况进行评审，以确保其持续的适宜性、充分性和有效性。

评审应包括体系改进的可能性和对体系进行修改的需求。评审每年应不少于一次，当发生更新时应及时组织评审，并保存评审记录。

2）更新

企业应主动根据以下情况对隐患排查治理体系的影响，及时更新隐患排查治理的范围、隐患等级和类别、隐患信息等内容，主要包括以下几点：

①法律法规及标准规程发生变化或更新；

②政府规范性文件提出新要求；

③企业组织机构及安全管理机制发生变化；

④企业生产工艺发生变化、设备设施增减、使用原辅材料变化等；

⑤企业自身提出更高要求；

⑥事故事件、紧急情况或应急预案演练结果反馈的需求；

⑦其他情形出现应进行评审。

3）沟通

①企业应建立不同职能和层级间的内部沟通和与相关方的外部沟通机制，及时有效地传递隐患信息，提高隐患排查治理的效果和效率。

②企业应主动识别内部各级人员隐患排查治理相关培训需求，并纳入企业培训计划，组织相关培训。

③企业应不断增强从业人员的安全意识和能力，使其熟悉、掌握隐患排查方法，消除各类隐患，有效控制岗位风险，减少和杜绝安全生产事故发生，保证安全生产。

3.5 实践训练项目

①根据露天矿山双控机制建设需求，以技术咨询者的身份编制双控机制建设方案。

②收集露天矿山企业概况及工艺流程等基础资料并编制资料清单。

③熟悉无人机基本操作流程，并掌握无人机现场飞行操作及异常情况处理，完成无人机对露天矿山的摄影测量。

④学习导出摄影测量图片，完成露天矿山现场三维模型构建，综合三维模型分析结果及现场考察情况，完成矿山现场资料调查报告。

⑤根据矿山现场资料调查报告，开展系统风险辨识与分级，完成露天矿山风险分级管控体系建设，并形成管控档案文件。

⑥根据矿山现场资料调查报告，开展隐患排查与分级，完成露天矿山隐患排查治理体系建设，并形成露天矿山隐患排查清单。

⑦综合目标露天矿山风险分级管控与隐患排查治理的成果，形成完整的双控机制体系。

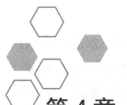

第4章 露天矿山"三同时"管理

4.1 "三同时"管理规定

"三同时"制度是在我国出台的最早一项环境管理制度。它是我国的独创,是在我国社会主义制度和建设经验的基础上提出来的,是具有中国特色并行之有效的环境管理制度。

早在 2015 年 1 月 1 日开始施行的《中华人民共和国环境保护法》中就明确规定:"建设项目中防治污染的设施,应当与主体工程同时设计、同时施工、同时投产使用。防治污染的设施应当符合经批准的环境影响评价文件的要求,不得擅自拆除或者闲置。"

在劳动安全卫生领域,根据我国的《中华人民共和国劳动法》相关要求:"劳动安全卫生设施必须符合国家规定的标准。新建、改建、扩建工程的劳动安全卫生设施必须与主体工程同时设计、同时施工、同时投入生产和使用。"

根据我国的《中华人民共和国安全生产法》:"生产经营单位新建、改建、扩建工程项目的安全设施,必须与主体工程同时设计、同时施工、同时投入生产和使用。安全设施投资应当纳入建设项目概算。"

根据我国的《中华人民共和国职业病防治法》:"建设项目的职业病防护设施所需要费用应当纳入建设项目工程预算,并与主体工程同时设计、同时施工、同时投入生产和使用。"

4.2 "三同时"管理的主要内容及要求

为加强建设项目安全管理,预防和减少生产安全事故,保障从业人员的生命和财产安全,原国家安全生产监督管理总局早在 2010 年就根据《中华人民共和国安全生产法》和《国务院关于进一步加强企业安全生产工作的通知》等法律、行政法规和规定，制定了《建设项目安全设施"三同时"监督管理办法》，并自 2011 年 2 月 1 日起施行，同时结合实践需要，根据 2015 年 4 月 2 日国家安全监管总局令第 77 号进行了相应修正。下面将结合《建设项目安全设施"三同时"监督管理办法》的相关要求进行露天矿山企业"三同时"相关内容介绍。

4.2.1　安全预评价

根据《建设项目安全设施"三同时"监督管理办法》的相关要求，非煤矿矿山建设项目在进行可行性研究时，生产经营单位应当按照国家规定，进行安全预评价。

生产经营单位应委托具有相应资质的安全评价机构，对其建设项目进行安全预评价，并编制安全预评价报告。

建设项目安全预评价报告应当符合国家标准或行业标准的规定。

4.2.2　安全设施设计

根据《建设项目安全设施"三同时"监督管理办法》的相关要求，生产经营单位在建设项目初步设计时，应委托有相应资质的设计单位对建设项目安全设施同时进行设计，并编制安全设施设计任务书。

安全设施设计必须符合有关法律、法规、规章和国家标准或行业标准、技术规范的规定，并尽可能地采用先进适用的工艺、技术和可靠的设备设施。

建设项目安全设施设计应充分考虑建设项目安全预评价报告提出的安全对策措施。

安全设施设计单位、设计人应对其编制的设计文件负责。

根据《建设项目安全设施"三同时"监督管理办法》的相关要求，建设项目安全设施设计应包括下列内容：

①设计依据；

②建设项目概述；

③建设项目潜在的危险、有害因素和危险、有害程度及周边环境安全分析；

④建筑及场地布置；

⑤重大危险源分析及检测监控；

⑥安全设施设计采取的防范措施；

⑦安全生产管理机构设置或安全生产管理人员配备要求；

⑧从业人员安全生产教育和培训要求；

⑨工艺、技术和设备设施的先进性和可靠性分析；

⑩安全设施专项投资概算；

⑪安全预评价报告中的安全对策及建议采纳情况；

⑫预期效果以及存在的问题与建议；

⑬可能出现的事故预防及应急救援措施；

⑭法律、法规、规章、标准规定需要说明的其他事项。

根据《建设项目安全设施"三同时"监督管理办法》的相关要求，建设项目安全设施设计完成后，生产经营单位应按本办法的规定向安全生产监督管理部门提出审查申请，并提交下列文件资料：

①建设项目审批、核准或备案的文件；

②建设项目安全设施设计审查申请；

③设计单位的设计资质证明文件；

④建设项目安全设施设计；

⑤建设项目安全预评价报告及相关文件资料；

⑥法律、行政法规、规章规定的其他文件资料。

安全生产监督管理部门收到申请后，对属于本部门职责范围内的，应及时进行审查，并在收到申请后的 5 个工作日内作出受理或不予受理的决定，并书面告知申请人；对不属于本部门职责范围内的，应将有关文件资料转送有审查权的安全生产监督管理部门，并书面告知申请人。

根据《建设项目安全设施"三同时"监督管理办法》的相关要求，对已经受理的建设项目安全设施设计审查申请，安全生产监督管理部门应当自受理之日起 20 个工作日内作出是否批准的决定，并书面告知申请人。20 个工作日内不能作出决定的，经本部门负责人批准，可以延长 10 个工作日，并应将延长期限的理由书面告知申请人。

根据《建设项目安全设施"三同时"监督管理办法》的相关要求，建设项目安全设施设计有下列情形之一的，不予批准，并不得开工建设：

①无建设项目审批、核准或备案文件的；

②未委托具有相应资质的设计单位进行设计的；

③安全预评价报告是由未取得相应资质的安全评价机构编制的；

④设计内容不符合有关安全生产的法律、法规、规章和国家标准或行业标准、技术规范的规定的；

⑤未采纳安全预评价报告中的安全对策和建议，且未作充分论证说明的；

⑥不符合法律、行政法规规定的其他条件的。

如果建设项目安全设施设计审查未获批准，生产经营单位经过整改后可以向原审查部门申请再审。

根据《建设项目安全设施"三同时"监督管理办法》的相关要求，已经批准的建设项目及其安全设施设计有下列情形之一的，生产经营单位应报原批准部门审查同意；未经审查同意的，不得开工建设：

①建设项目的规模、生产工艺、原料、设备发生重大变更的；

②改变安全设施设计且可能降低安全性能的；

③在施工期间需要重新设计的。

4.2.3 安全验收评价

根据《建设项目安全设施"三同时"监督管理办法》的相关要求，建设项目安全设施的施工应由取得相应资质的施工单位进行，并与建设项目主体工程同时施工。

施工单位应在施工组织设计中编制安全技术措施和施工现场临时用电方案，同时对危险性较大的分部分项工程依法编制专项施工方案，并附具安全验算结果，经施工单位技术负责人、总监理工程师签字后实施。

施工单位应严格遵守安全设施设计和相关施工技术标准、规范，并对安全设施的工程质量负责。

施工单位发现安全设施设计文件有错漏的，应及时向生产经营单位、设计单位提出。生产经营单位、设计单位应及时处理。

施工单位发现安全设施存在重大事故隐患时，应立即停止施工并报告生产经营单位进行整改。整改合格后，方可恢复施工。

工程监理单位应审查施工组织设计中的安全技术措施或专项施工方案是否符合工程建设强制性标准。

工程监理单位在实施监理过程中，发现存在事故隐患的，应要求施工单位整改；情况严重的，应要求施工单位暂时停止施工，并及时报告生产经营单位。施工单位拒不整改或不停止施工的，工程监理单位应及时向有关主管部门报告。

工程监理单位、监理人员应按法律、法规和工程建设强制性标准实施监理，并对安全设施工程的工程质量承担监理责任。

建设项目安全设施建成后，生产经营单位应对安全设施进行检查，对发现的问题及时整改。

建设项目竣工后，根据规定建设项目需要试运行（包括生产、使用，下同）的，应在正式投入生产或使用前进行试运行。

试运行时间应不少于30日，最长不得超过180日，国家有关部门有规定或特殊要求的行业除外。

建设项目安全设施竣工或试运行完成后，生产经营单位应委托具有相应资质的安全评价机构对安全设施进行验收评价，并编制建设项目安全验收评价报告。

建设项目安全验收评价报告应符合国家标准或行业标准的规定。

建设项目竣工投入生产或使用前，生产经营单位应组织对安全设施进行竣工验收，并形成书面报告备查。安全设施竣工验收合格后，方可投入生产和使用。

安全监管部门应按下列方式之一对建设项目的竣工验收活动和验收结果进行监督核查：

①对安全设施竣工验收报告按不少于总数 10% 的比例进行随机抽查；

②在实施有关安全许可时，对建设项目安全设施竣工验收报告进行审查。

抽查和审查以书面方式为主。对竣工验收报告的实质内容存在疑问，需要到现场核查的，安全监管部门应指派 2 名以上工作人员对有关内容进行现场核查。工作人员应提出现场核查意见，并如实记录在案。

建设项目的安全设施有下列情形之一的，建设单位不得通过竣工验收，并不得投入生产或使用：

①未选择具有相应资质的施工单位施工的；

②未按建设项目安全设施设计文件施工或施工质量未达到建设项目安全设施设计文件要求的；

③建设项目安全设施的施工不符合国家有关施工技术标准的；

④未选择具有相应资质的安全评价机构进行安全验收评价或安全验收评价不合格的；

⑤安全设施和安全生产条件不符合有关安全生产法律、法规、规章和国家标准或行业标准、技术规范规定的；

⑥发现建设项目试运行期间存在事故隐患未整改的；

⑦未依法设置安全生产管理机构或配备安全生产管理人员的；

⑧从业人员未经过安全生产教育和培训或不具备相应资格的；

⑨不符合法律、行政法规规定的其他条件的。

生产经营单位应按档案管理的规定，建立建设项目安全设施"三同时"文件资料档案，并妥善保存。

建设项目安全设施未与主体工程同时设计、同时施工或同时投入使用的，安全生产监督管理部门对与此有关的行政许可一律不予审批，同时责令生产经营单位立即停止施工、限期改正违法行为，对有关生产经营单位和人员依法给予行政处罚。

4.3 安全评价报告的编制

安全评价报告是安全评价工作过程形成的成果。安全评价报告的载体一般采用文本形式，为适应信息处理、交流和资料存档的需要，报告可采用多媒体电子载体。电子版本中能容纳大量评价现场的照片、录音、录像及扫描文件，可增强安全验收评价工作的可追溯性。

目前，国内将安全评价工作根据工程、系统生命周期和评价的目的分为安全预评价、安全验收评价、安全现状评价和专项安全评价 4 类。但实际上可看作 3 类，即安全预评价、安全验收评价和安全现状评价，专项安全评价可看作安全现状评价的一种，属于政府在特定的时期内进行专项整治时开展的评价。本节将简单介绍安全预评价、安全验收评价和安全现状评价报告的编制要求、内容及格式。

4.3.1 安全预评价报告

1）安全预评价报告的要求

安全预评价报告的内容应能反映安全预评价的任务：建设项目的主要危险和有害因素评价；建设项目应重点预防的重大危险、有害因素；建设项目应重视的重要安全对策措施；建设项目从安全生产角度看是否符合国家有关法律、法规、技术标准。

2）安全预评价报告内容

安全预评价报告应包括以下内容：

（1）概述

①安全预评价依据。有关安全预评价的法律、法规及技术标准；建设项目可行性研究报告等相关文件；安全预评价参考的其他资料。

②建设单位简介。

③建设项目概况。建设项目选址、总图及平面布置、生产规模、工艺流程、重要设备、主要原材料、中间体、产品、经济技术指标、公用工程及辅助设施等。

（2）生产工艺简介（略）

（3）安全预评价方法和评价单元

①安全预评价方法简介。

②确定评价单元。

（4）定性、定量评价

①定性、定量评价。

②评价结果分析。

（5）安全对策措施及建议

①在可行性研究报告中提出的安全对策措施。

②补充的安全对策措施及建议。

（6）安全预评价结论（略）

3）安全预评价报告格式

①封面。

②安全预评价资质证书影印件。

③著录项。

④目录。

⑤编制说明。

⑥前言。

⑦正文。

⑧附件。

⑨附录。

4.3.2　安全验收评价报告

1）安全验收评价报告的要求

安全验收评价报告是安全验收评价工作过程形成的成果。安全验收评价报告的作用：一是为企业服务，帮助企业查出隐患，落实整改措施以达到安全要求；二是为政府安全生产监督管理机构服务，提供建设项目安全验收的依据。

2）安全验收评价报告的主要内容

（1）概述

①安全验收评价依据。

②建设单位简介。

③建设项目概况。

④生产工艺。

⑤重要的安全卫生设施和技术措施。

⑥建设单位安全生产管理机构及管理制度。

（2）主要危险、有害因素识别

①主要危险、有害因素及相关作业场所分布。

②列出建设项目所涉及的危险、有害因素并指出存在的部位。

（3）总体布局及常规防护设施措施评价

①总平面布局。

②厂区道路安全。

③常规防护设施和措施。

④评价结果。

（4）易燃易爆场所评价

①爆炸危险区域划分符合性检查。

②可燃气体泄漏检测报警仪的布防安装检查。

③防爆电气设备安装认可。

④消防检查（主要是检查是否取得消防安全认可）。

⑤评价结果。

（5）有害因素安全控制措施评价

①防急性中毒、窒息措施。

②防止粉尘爆炸措施。

③高、低温作业安全防护措施。

④其他有害因素控制安全措施。

⑤评价结果。

（6）特种设备监督检验记录评价

①压力容器与锅炉（包括压力管道）。

②起重机械与电梯。

③厂内机动车辆。

④其他危险性较大的设备。

⑤评价结果。

（7）强制检测设备设施情况检查

①安全阀。

②压力表。

③可燃、有毒气体泄漏检测报警仪及变送器。

④其他强制检测设备设施情况。

⑤检查结果。

（8）电气安全评价

①变电所。

②配电室。

③防雷、防静电系统。

④其他电气安全检查。

⑤评价结果。

（9）机械伤害防护设施评价

①夹击伤害。

②碰撞伤害。

③剪切伤害。

④卷入和绞碾伤害。

⑤割刺伤害。

⑥其他机械伤害。

⑦评价结果。

（10）工艺设施安全连锁有效性评价

①工艺设施安全连锁设计。

②工艺设施安全连锁相关硬件设施。

③开车前工艺设施安全连锁有效性验证记录。

④评价结果。

（11）安全生产管理评价

①安全生产管理组织机构。

②安全生产管理制度。

③事故应急救援预案。

④特种作业人员培训。

⑤日常安全管理。

⑥评价结果。

（12）安全验收评价结论

在对现场评价结果分析归纳和整合的基础上，作出安全验收评价结论。

①建设项目安全状况综合评述。

②归纳、整合各部分评价结果，提出存在问题及改进建议。

③建设项目安全验收总体评价结论。

（13）安全验收评价报告附件

①数据表格、平面图、流程图、控制图等安全评价过程中制作的图表文件。

②建设项目存在问题与改进建议汇总表及反馈结果。

③评价过程中需要专家意见及建设单位证明材料。

（14）安全验收评价报告附录

①与建设信息有关的批复文件（影印件）。

②与建设单位提供的原始资料目录。

③与建设项目相关的数据资料目录。

3）安全验收评价报告格式

①封面。

②评价机构安全验收评价资格证书影印件。

③著录项目录。

④编制说明。

⑤前言。

⑥正文。

⑦附件。

⑧附录。

4.3.3　安全现状评价报告

1）安全现状评价报告要求

安全现状评价报告要求比安全预评价报告要更详尽、更具体，特别对于危险分析要求较高。因此，整个评价报告的编制，要由懂工艺和操作的专家参与完成。

2）安全现状评价报告内容

安全现状评价报告一般具有以下内容。

（1）前言

前言包括项目单位简介、评价项目的委托方及评价要求和评价目的。

（2）评价项目概况

评价项目应包括评价项目概况、地理位置及自然条件、工艺过程、生产运行现状、项目委托约定的评价范围、评价依据（包括法规、标准、规范及项目的有关文件）。

（3）评价程序和评价方法

说明针对主要危险、有害因素和生产特点选用的评价程序和评价方法。

（4）危险性预先分析

危险性预先分析应包括工艺流程、工艺参数、控制方式、操作条件、物料种类和理化特性、工艺布置、总图位置、公用工程的内容，并运用选定的分析方法，对存在的危险、有害因素逐一分析。

（5）危险度与危险指数分析

根据危险、有害因素分析的结果和确定的评价单元、评价要素，参照有关资料和数据，用选定的评价方法进行定量分析。

（6）事故分析与重大事故模拟

结合现场调查结果以及同行或同类生产的事故案例分析，统计其发生的原因和概率，并运用相应的数学模型进行重大事故模拟。

（7）对策措施与建议

综合评价结果，提出相应的对策措施与建议，并按风险程度的高低进行解决方案的排序。

（8）评价结论

明确指出项目安全状态水平，并简要说明。

3）安全现状评价报告格式

（1）前言

（2）目录

（3）第一章　评价项目概述

　　　第一节　评价项目概况

　　　第二节　评价范围

　　　第三节　评价依据

（4）第二章　评价程序和评价方法

　　　第一节　评价程序

　　　第二节　评价方法

（5）第三章　危险性预先分析

（6）第四章　危险度与危险指数分析

（7）第五章　事故分析与重大事故的模拟

　　　第一节　重大事故原因分析

　　　第二节　重大事故概率分析

　　　第三节　重大事故预测、模拟

（8）第六章　职业卫生现状评价

（9）第七章　对策措施与建议

（10）第八章　评价结论

4.4　法律责任

本办法规定的行政处罚由安全生产监督管理部门决定。法律、行政法规对行政处罚的种类、幅度和决定机另有规定的，依照其规定。

安全生产监督管理部门对应由其他有关部门进行处理的"三同时"问题，及时移送有关部门并形成记录备查。

4.4.1 安全生产监督管理部门及其工作人员

根据《建设项目安全设施"三同时"监督管理办法》的相关要求，建设项目安全设施"三同时"违反本办法的规定，安全生产监督管理部门及其工作人员给予审批通过或颁发有关许可证的，依法给予行政处分。

4.4.2 生产经营单位

生产经营单位对建设项目有下列情形之一的，责令停止建设或停产停业整顿，限期改正；逾期未改正的，处 50 万元以上 100 万元以下的罚款，对其直接负责的主管人员和其他直接责任人员处 2 万元以上 5 万元以下的罚款；构成犯罪的，依照刑法有关规定追究刑事责任：

①未按本办法规定对建设项目进行安全评价的；

②没有安全设施设计或安全设施设计未按规定报经安全生产监督管理部门审查同意，擅自开工的；

③施工单位未按批准的安全设施设计施工的；

④投入生产或使用前，安全设施未经验收合格的。

已经批准的建设项目安全设施设计发生重大变更，生产经营单位未报原批准部门审查同意擅自开工建设的，责令限期改正，可以并处 1 万元以上 3 万元以下罚款。

4.4.3 安全评价机构

承担建设项目安全评价的机构弄虚作假、出具虚假报告，尚未构成犯罪的，没收违法所得，违法所得在 10 万元以上的，并处违法所得 2 倍以上 5 倍以下罚款；没有违法所得或违法所得不足 10 万元的，单处或并处 10 万元以上 20 万元以下罚款，对其直接负责的主管人员和其他直接责任人员处 2 万元以上 5 万元以下罚款；给他人造成损害的，与生产经营单位承担连带赔偿责任。

对有前款违法行为的机构，吊销其相应资质。

4.5 实践训练项目

①请从霍尔三维模型的时间维（系统生命周期）视角，分析一个典型的露天矿山企业需要完成的安全评价工作有哪些？

②请根据目标露天矿山的具体特征，结合实际情况，系统梳理并补充完善该企业"三

同时"需要完善的制度体系文件和技术资料。

③请根据"三同时"建设需要，收集露天矿山基础资料，完成露天矿山当前节点需完善的"三同时"工作内容，并以"评价人员"的视角，编制调查分析工作方案，开展现场调查分析，并完成调查分析报告。

④基于调查分析报告，按照对应的"三同时"报告编制要求，整理资料并编制相应的评价报告。

⑤了解评价报告评审流程，掌握向相关应急管理部门提出审查申请的流程及要求，结合评审对象，制订报告评审工作方案，并完成资料（工作）准备。

⑥了解"三同时"行政审批的流程及要求，并结合目标企业实际需求，编制完整的行政审批（报备）所需的相关资料文件。

第5章 露天矿山应急救援

矿山行业属于高危行业，其特点是从业人员多、工作环境差、危险因素多。近年来，我国矿山安全生产形势呈现总体稳定、持续好转的态势。2018年以来的5年，矿山事故起数、死亡人数由上一个5年的年均890起、1 323人下降至年均460起、614人，分别下降48.3%和53.6%，其中矿山重特大事故起数、死亡人数由上一个5年的年均11.6起、181人下降至年均3.8起、64人，分别下降67.2%和64.6%。2022年矿山事故起数、死亡人数、煤矿百万吨死亡率比2012年分别下降75.8%、77.6%和86%，非煤矿山连续14年未发生特别重大事故，但当前矿山安全生产仍处于滚石上山、爬坡过坎的关键时期，还面临着结构性、系统性、区域性和不确定性风险。可见我国矿山安全情况逐年好转，但形势依旧严峻。国家安全生产"十四五"规划中明确要求"工矿商贸就业人员十万人生产安全死亡率下降20%以上"，这对露天矿山应急救援工作提出了更高的要求。

5.1 我国矿山应急救援体系

5.1.1 矿山应急救援组织机构

1）国家级矿山应急救援机构

应急管理部矿山救援中心和国家矿山安全监察局是应急管理部的两个部属单位，承担着国家应急救援的职责。

2018年3月国务院机构改革，国家安全生产应急救援指挥中心转隶为应急管理部管理，同年11月更名为国家安全生产应急救援中心，国家局矿山救援指挥中心也正式更名为应急管理部矿山救援中心。

应急管理部矿山救援中心主要负责指导、协调特别重大矿山安全生产事故灾难的应急救援工作；根据地方或部门应急救援指挥机构的要求，调集有关应急救援力量和资源参加事故抢救；根据法律法规的规定或国务院的授权组织指挥应急救援工作。

2020 年 10 月，按照党中央决策部署，国家煤矿安全监察局更名为国家矿山安全监察局，仍由应急管理部管理。应急管理部的非煤矿山安全监督管理职责划入国家矿山安全监察局。国家矿山安全监察局主要负责参与编制矿山安全生产应急预案，指导和组织协调煤矿事故应急救援工作，并参与非煤矿山事故应急救援工作。

应急管理部负责国家安全生产应急救援队伍的统一调动指挥，指导国家安全生产应急救援中心组织实施国家安全生产应急救援队伍的跨省区调动管理。

国家安全生产应急救援队伍在接受省级调动和依托单位调动时，应向国家安全生产应急救援中心报告。国家矿山应急救援队伍在接受省级调动和依托单位调动时，应向国家矿山安全监察局报告。

2）省级矿山应急救援组织机构

省级矿山应急救援组织机构在机构设置和主要职能上基本与国家级类似，包括应急管理厅（或应急救援指挥中心）和国家矿山安全监察局各省级局（或救援指挥中心）。

应急救援指挥中心是通用名，各省市命名略有不同。例如，四川省应急管理厅负责应急救援的组织是其直属事业单位四川省应急救援总队，其主要职责：负责全省矿山、危险化学品、隧道桥涵、市政工程、建筑施工、道路交通、水上交通、城市轨道交通运营等重大生产安全事故抢险救援；承担国家赋予的跨国（境）矿山（隧道）事故排水救援任务；参与全省重大自然灾害等综合性应急救援工作；负责全省专业应急救援队伍、社会救援力量的日常联系；负责全省矿山水患现状调查和防治水技术研究等工作，同时承担国家矿山应急救援四川排水队职能职责。

国家矿山安全监察局各省级局（或救援指挥中心），主要职责：承担辖区内矿山安全监察应急管理工作，参与协调指挥矿山事故救援工作；参与或承办矿山安全监察应急救援体系建设工作，编制应急救援工作规划及应急预案；承担矿山安全应急救援资源管理、救护队伍资质管理、标准化建设、救护技术培训和宣传教育工作；承担矿山应急救援新技术、新装备的推广应用工作，组织、参加矿山救援比武及技术交流活动等工作；承办上级交办的其他事项。

各省级应急管理部门和国家矿山安全监察局各省级局、依托单位应当组织实施国家安全生产应急救援队伍本省区调动管理，并将调动情况及时向应急管理部报告。

3）国家区域应急救援中心

2018 年 10 月，习近平总书记在中央财经委员会第三次会议上亲自部署了国家区域应急救援中心（以下简称"区域中心"）建设任务。应急管理部党委高度重视，坚决贯彻习近平总书记的重要指示精神，着眼我国重特大自然灾害区域分布特点，立足区域中心职能定位和建设需求，制订了区域中心建设指导意见和工作方案。

应急管理部在实地调研、现场踏勘、研究论证的基础上，计划在我国领土范围内，按华北、东北、华中、东南、西南、西北等6大区域的分布，在全国部署建设6个国家区域应急救援中心，辐射全国所有地区。截至2022年底，国家6个区域应急救援中心已经开工建设。

应急救援中心的建设，属于我国自然灾害防治的重点工程之一，按国家中心和6大区域相结合的模式，将应急救援的范围覆盖到全国，这样，当发生突发事件时，就可以由区域救援中心第一时间进行反应，同时其他区域也可予以增援，而国家应急救援中心则承担着总领全局的任务。

随着我国政府及矿山企业对安全生产工作的重视，区域矿山应急救援体系得到长足发展。区域矿山应急救援队主要承担本省区及周边区域重特大及复杂矿山事故的应急救援任务，是国家矿山应急救援队的重要支撑和补充力量。由于我国矿山数目多、分布广泛、矿井地质结构复杂、井下环境恶劣多变、开采周期长、巷道服务年限长，特别是一些矿山企业在经济效益的驱动下，在开采技术和安全设施相对滞后的情况下，盲目生产、违章生产等造成我国矿山重特大灾害事故频发，使得区域矿山应急救援体系建设面临着许多问题。区域矿山救护队作为规划服务区内矿山应急救援的重要力量，抢救遇险人员是矿山救护队的首要任务，同时还负责制订区域内各矿山的救灾方案、参与矿山救护队技术装备的研发、执行跨区域应急救援等任务。

5.1.2 矿山应急救援队伍

按照《生产安全事故应急条例》（中华人民共和国国务院令〔2019〕708号）的规定，矿山企业应建立应急救援队伍，小型或微型企业可以不建立应急救援队伍，但应指定兼职的应急救援人员，并且可以与邻近的应急救援队伍签订应急救援协议。

应急救援队伍的应急救援人员应具备必要的专业知识、技能、身体素质和心理素质。应急救援队伍建立单位或兼职应急救援人员所在单位应按国家有关规定对应急救援人员进行培训；应急救援人员经培训合格后，方可参加应急救援工作。应急救援队伍应配备必要的应急救援装备和物资，并定期组织训练。

1）国家矿山应急救援队

安全生产专业应急救援队伍是国家综合性常备应急骨干力量的重要组成部分，全国现有安全生产专业应急救援队伍1 193支、6.87万余人，包括矿山救援队378支、危险化学品救援队560支、隧道救援队13支、油气救援队66支、水上救援队24支、其他专业救援队（城市燃气、地铁、金属冶炼、电力抢修等）152支。

应急管理部牵头规划，在重点行业领域依托国有企业和有关单位建设了113支、2.5万余人的国家安全生产应急救援队伍，覆盖31个省（区、市）及新疆生产建设兵团，涵盖矿山、危化、隧道、油气、专业支撑保障等领域，配备了大功率潜水泵、大口径钻机、高喷消防车、水上消防船、无人机等先进救援装备。国家安全生产应急救援队伍是国家常备的应急骨干力量，是矿山、隧道施工、危化、油气开采和管道输送、城市轨道交通运营、建筑施工等重点行业领域事故灾害救援不可或缺的中坚力量。

表 5.1　国家安全生产应急救援队伍地区分布表

序号	行政区划	分计支数	矿山支数	危化支数	隧道支数	油气支数	专业支撑保障支数
1	北京	6	1	1			4
2	天津	2		1		1	
3	河北	4	2	1		1	
4	山西	5	3	1	1		
5	内蒙古	4	3	1			
6	辽宁	6	3	2		1	
7	吉林	3	2	1			
8	黑龙江	5	2	3			
9	上海	1		1			
10	江苏	5	1	2		1	1
11	浙江	2		2			
12	安徽	3	2	1			
13	福建	3	1	2			
14	江西	2	1	1			
15	山东	6	2	3			
16	河南	4	3	1			
17	湖北	3	2	1			
18	湖南	3	2	1			
19	广东	4		3		1	
20	广西	1	1				
21	海南	2		1		1	
22	重庆	4	1	1	1		1
23	四川	6	2	2	1	1	
24	贵州	6	4	1	1		
25	云南	4	2	1		1	
26	西藏	1			1		
27	陕西	4	2	2			
28	甘肃	3	2	1			
29	青海	2	1	1			
30	宁夏	2	1	1			
31	新疆（兵团）	7	4	1		2	
合计		113	49	41	6	10	7

目前,国家矿山应急救援队伍共有49支,其中分布在新疆(兵团)和贵州各4支;山西、内蒙古、辽宁、河南各3支;河北、吉林、黑龙江等10个省各2支;北京、江苏等9个省市各1支(见表5.1)。

国家矿山应急救援队由矿山救护队、抢险排水队、救援钻探队、医疗救援队和专家组(以下简称"专业队")组成,按大队—中队—小队的体制编制,实行统一管理。国家矿山应急救援队应设置办公室、战训部、技术装备部、培训部、政工部、后勤部等职能部(室),以及相关的装备维修、汽车驾驶、医务等保障部门。各专业队按职责设专业管理机构,具体人员规模和内部机构设置由依托企业依据承担的任务确定。国家矿山应急救援队人员规模应不少于200人,其中矿山救护队不少于3个中队,每个中队不少于3个小队。

2)矿山救护队

矿山救护队作为应对处置各类矿山灾害事故的专业力量,是安全生产专业救援队伍的主力军,也是国家应急管理体系建设的重要组成部分。

《矿山救护规程》(AQ 1008—2007)规定,矿山企业(包括生产和建设矿山的企业)均应设立救护队,地方政府或矿山企业应根据本区域矿山危害、生产规模、企业分布等情况组建矿山救护大队或矿山救护中队。生产经营规模较小,不具备单独设立矿山救护队条件的矿山企业应设立兼职救护队,并与就近的取得三级以上资质的矿山救护队签订有偿服务救护协议,签订救护协议的救护队服务半径不得超过100 km。矿山救护队必须经过资质认证,取得资质证书后,方可从事矿山救护工作。

目前,26个省(区、市)和新疆生产建设兵团建有矿山救护队(北京市、上海市、天津市、浙江省、西藏自治区除外)。我国根据矿山救护队的特点和矿山行业的管理职能,在全国矿山行业内建立从应急管理部矿山救援中心到矿山救护队的垂直管理体系:跨省区调动,由总队统一指挥;省区内调动,由支队统一指挥;区域内调动,由大队统一指挥。这种应急管理体系普遍适用大多数矿山企业的应急救援,但对于一些偏远矿山企业,为保证救援及时有效,需要多个区域的矿山救护队签订联动协议,联合开展事故救援。

矿山救护队标准化建设是一项重要的经常性、基础性工作,开展标准化定级是加强队伍建设管理,提升队伍科学化、规范化管理水平和应急救援能力的重要抓手。2021年12月,应急管理部第5号公告发布修订后的《矿山救护队标准化考核规范》(AQ/T 1009,以下简称《考核规范》)。《考核规范》作为行业安全标准,主要体现考核标准及评分办法,仅原则性提出"应当按规定定期组织开展标准化考核工作""标准化考核实行动态管理,标准化考核等级按规定对社会公布"等要求,对如何组织考核定级、公布定级结果、实施动态管理,以及各级标准化定级管理部门的职责等未予明确。

为规范矿山救护队标准化定级工作,应急管理部矿山救援中心组织起草了《矿山救护队标准化定级管理办法》(以下简称《定级办法》),经应急管理部部委会研究审议通过,

2023 年 1 月 1 日起实施。《定级办法》主要从组织管理、定级流程、监督管理等 5 个方面作出规定，明确矿山救护队标准化定级工作的组织领导、定级程序、检查抽查、动态管理等，目的在于加强矿山救护队标准化定级工作的组织领导，坚持战斗力标准，严格定级程序，加强矿山救护队全面建设，为矿山企业安全生产提供有力的应急救援保障。

3）应急救援队伍的建设

国家安全生产应急救援队伍，在矿山、危险化学品、油气开采和管道输送、隧道施工等行业领域事故抢险救援中发挥了不可替代的骨干作用，为防范化解重大安全风险、保护人民群众生命财产安全作出了积极贡献。同时也要看到，实践中仍然存在着队伍管理体制机制有待完善、教育训练有待加强、专业救援技战术水平有待提升、投入保障相对不足、先进适用装备更新滞后、职业保障政策尚不完善等方面的问题。为适应新时代我国应急管理体系和能力现代化建设需要，更好地发挥国家安全生产应急救援队伍在国家应急救援力量体系中的作用，切实维护人民群众生命财产安全，需进一步加强国家安全生产应急救援队伍建设。

2022 年 12 月，国务院安委会办公室发布了《关于进一步加强国家安全生产应急救援队伍建设的指导意见》（以下简称《意见》）。

（1）目标任务

到 2026 年，国家安全生产应急救援队伍现代化建设取得重大进展，在现有队伍规模基础上适度新建一批队伍，队伍总数达到 130 支左右、人数 2.8 万人左右，跨区域救援实现 8 小时内到达事故现场，专业救援能力大幅提升。

到 2035 年，建立与国家应急救援能力现代化相适应的国家安全生产应急救援队伍体系，队伍布局更加科学合理、救援更加精准高效，跨区域救援将实现 5 小时内到达事故现场，行业领域内的专业救援能力满足经济社会发展要求，形成依法应急、科学应急、智慧应急新格局。

（2）主要任务

①强化队伍职责使命。进一步明确了国家安全生产应急救援队伍作为国家常备应急骨干力量，在专业救援、灾害抢险、依托企业事故预防、社会化服务和科普宣传等 5 个方面的职责任务。

②加强队伍政治建设。通过加强党组织建设，强化党对国家安全生产应急救援队伍的领导，同时加强思想政治教育、理论武装、纪律要求、作风建设来提高队伍的履职能力。

③加强队伍共建共管机制建设。明确应急管理部（含国家安全生产应急救援中心）、省级应急管理机构和矿山安全监察局各省级局、依托单位 3 个层级的职责，共同建设和加强国家安全生产应急救援队伍。

④加强队伍调动和指挥机制建设。按照"谁调动、谁负责"的原则，明确应急管理部

（含国家安全生产应急救援中心）、省级部门和依托单位调动国家安全生产应急救援队伍开展救援的权限，并根据权限实施救援指挥和提供战勤保障。国家安全生产应急救援队伍参加事故灾害救援时，必须服从现场指挥部的统一指挥，同时应健全完善队伍现场救援指挥机制，为科学安全高效救援提供组织保障。

⑤加强队伍规范化建设。通过建立完善国家安全生产应急救援队伍建设标准、开展救援能力评估，建立队伍准入退出机制，确保队伍始终保持履行职责使命需要的战斗力。分类、分专业建立国家安全生产应急救援队伍建设标准，建立和实施分级考核验收办法，推进队伍规范化管理。

⑥加强队伍应急救援能力建设。围绕提高队伍快速出动能力、生命搜救能力、现场实战能力、救援协同能力和战勤保障能力，健全应急救援制度机制、强化训练演练、完善协调联动，实现科学救援、安全救援、高效救援。

⑦加强队伍科技装备建设。从注重科技装备研发、加强先进适用装备配备和加快信息化智能化建设等方面，明确建立产学研用协同攻关开发机制，强调救援装备与队伍承担的救援任务相匹配，健全救援装备、物资储备和调用机制，提升先进技术装备水平和应用效能。

⑧加强队伍人才建设。明确要拓宽渠道、搭建舞台、创造环境，切实锻炼培养救援指挥人才、工程技术人才和工匠技能人才队伍，全面提高国家安全生产应急救援队伍攻坚克难的救援能力。

⑨加强队伍职业保障政策建设。依法依规使用企业安全生产费用来保障队伍救援技术装备、设施配置费用的支出。研究健全完善国家安全生产应急救援队伍职业保障政策，解决队伍、队员后顾之忧，为队伍健康发展提供保障。

5.2 露天矿山企业应急救援

5.2.1 露天矿山应急救援基本程序

矿山生产安全事故（以下简称"事故"），是指矿山包括井口及以下区域、露天矿场、工业广场内与矿山生产直接相关且属于矿山的地面生产系统，以及附属的尾矿库、排土场、洗选厂、矸石山、瓦斯抽放泵站等场所，在生产经营活动中发生的造成人身伤亡或直接经济损失的生产安全事故。

国家矿山安全监察局印发的《矿山生产安全事故报告和调查处理办法》（矿安〔2023〕7号）再次明确了事故报告和事故现场处置程序和内容。

1）事故报告程序

矿山发生事故（包括涉险事故）后，事故现场有关人员应立即报告矿山负责人；矿山负责人接到报告后，应于 1 小时内报告事故发生地县级及以上人民政府矿山安全监管部门，同时报告国家矿山安全监察局省级局。发生较大及以上等级事故的，可直接向省级人民政府矿山安全监管部门和国家矿山安全监察局省级局报告。

县级及以上地方人民政府矿山安全监管部门接到事故报告后应逐级上报，每一级上报时间不得超过 1 小时。其中，接到较大及以上等级事故报告后，应于 1 小时内快速报告省级人民政府矿山安全监管部门和国家矿山安全监察局省级局；接到重大及以上等级事故报告后，在报告省级人民政府矿山安全监管部门和国家矿山安全监察局省级局的同时，可立即报告国家矿山安全监察局。

国家矿山安全监察局省级局接到事故报告后，应当于 48 小时内在矿山安全生产综合信息系统事故调查子系统填报事故信息。事故报告程序如图 5.1 所示。

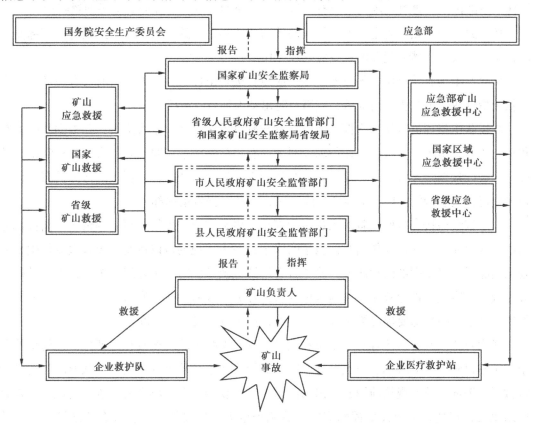

图 5.1　矿山事故应急救援的基本程序

2）事故应急救援程序

发生事故或险情后，企业要立即启动相关应急预案，在确保安全的前提下组织抢救遇险人员，控制危险源，封锁危险场所，杜绝盲目施救，防止事态扩大；要明确并落实生产现场带班人员、班组长和调度人员直接处置权和指挥权，在遇到险情或事故征兆时立即下达停产撤人命令，组织现场人员及时、有序撤离到安全地点，以减少人员伤亡。

地方人民政府和相关部门接到事故报告后，相关负责同志要立即赶赴事故现场，按有关应急预案规定，成立事故应急处置现场指挥部（以下简称“指挥部”），代表本级人民政府履行事故应急处置职责，组织开展事故应急处置工作。

矿山安全监管监察部门接到事故报告后，应根据事故等级和相关规定派工作组立即赶赴事故现场，协助有关地方人民政府做好应急处置工作。

指挥部是事故现场应急处置的最高决策指挥机构，实行总指挥负责制。指挥部要充分发挥专家组、企业现场管理人员和专业技术人员以及救援队伍指挥员的作用，实行科学决策。要根据事故救援需要和现场实际需要划定警戒区域，及时疏散和安置受事故可能影响的周边居民和群众，疏导劝离与救援无关的人员，维护现场秩序，确保救援工作高效有序。必要时，要对事故现场实行隔离保护，尤其要对重要部位实行专人值守，未经指挥部批准，任何人不准进入。要对现场周边及有关区域实行交通管制，确保应急救援通道畅通。

按事故等级和相关规定，上一级人民政府成立指挥部的，下一级人民政府指挥部要立即移交指挥权，并继续配合做好应急处置工作。

事故发生地有关单位、各类安全生产应急救援队伍接到地方人民政府及有关部门的应急救援指令或有关企业的请求后，应当及时出动参加事故救援。

救援队伍指挥员应作为指挥部成员，参与制订救援方案等重大决策，并根据救援方案和总指挥命令组织实施救援；在行动前要了解有关危险因素，明确防范措施，科学组织救援，积极搜救遇险人员。当突发情况危及救援人员生命安全时，救援队伍指挥员有权作出处置决定，迅速带领救援人员撤离危险区域，并及时报告指挥部。

对于继续救援直接威胁救援人员生命安全、极易造成次生衍生事故等情况，指挥部应当组织专家充分论证，并作出暂停救援的决定；在事故现场得以控制、导致次生衍生事故隐患消除后，经指挥部组织研究，确认符合继续施救条件时，再行组织施救，直至救援任务完成。因客观条件导致无法实施救援或救援任务完成后，在经专家组论证并做好相关工作的基础上，指挥部要提出终止救援的意见，报本级人民政府批准。

矿山及抢险救援队伍等有关单位和人员应妥善保护事故现场及相关证据。任何单位和个人都不得破坏事故现场、毁灭证据。因事故抢险救援必须改变事故现场状况的，现场抢险救援指挥部应绘制现场简图并作出书面记录，并妥善保存现场重要痕迹、物证。抢险救援结束后，现场抢险救援指挥部应向事故调查组提交抢险救援报告及有关图纸、记录等资料。

矿山应配合有关部门及时收集固定包括视听、监测、监控等资料在内的相关证据。有关部门收集固定的相关证据应提交事故调查组。

5.2.2　露天矿山应急救援相关规定

《金属非金属矿山安全规程》（GB 16423—2020）中对矿山应急救援作了明确规定，其中涉及露天矿山应急救援的内容如下：

①矿山企业应建立健全应急管理、应急演练、应急撤离、信息报告、应急救援等规章制度，落实应急救援装备和物资储备，按相关规定设立矿山救护队，或设立兼职矿山救护队并与就近的专业矿山救护队签订救护协议。

②矿山企业应根据矿山实际编制应急救援预案，由矿山企业主要负责人批准实施，并定期进行应急救援演练，当矿山实际情况发生较大变化或在应急演练中发现有重大问题，应及时修订应急救援预案。

③矿山企业应建立和完善安全撤离通道，并随生产系统的变化及时调整。

④矿山企业应及时向矿山救护队提供露天矿山地形地质图、采剥工程年末图、采场边坡工程平面及剖面图、采场最终境界图、排土场年末图、排土场工程平面及剖面图、供配电系统图、井下采空区与露天矿平面对照图以及防排水系统图和应急救援预案。

⑤发生事故的矿山在进行事故应急救援工作的同时，应报请当地政府和主管部门在通信、交通运输、医疗、电力、现场秩序维护等方面提供保障。

5.2.3　露天矿山事故应急救援预案

为了全面贯彻落实《中华人民共和国安全生产法》及其他安全生产法律法规、标准规范要求，规范矿山生产安全事故应急救援工作，提高矿山应对风险和防范事故的能力，保障职工安全健康和生命财产安全，最大限度地减少人员伤亡、财产损失和社会影响，矿山按照现行国家标准《生产安全事故应急条例》（中华人民共和国国务院令〔2019〕708号）、《生产安全事故应急预案管理办法》（原国家安全生产监督管理总局令〔2016〕88号，中华人民共和国应急管理部令〔2019〕2号修订）、《生产经营单位生产安全事故应急预案编制导则》（GB/T 29639）的规定和要求，结合矿山企业自身特点编制生产安全事故应急预案。

1）矿山事故应急救援的编制

（1）编制的原则

建立和健全矿山应急救援体系，应根据我国国情和现有矿区救援力量的实际状况，组织和构建具有统一指挥、统一协调、统一调动，以及具有先进技术装备的全国矿山应急救援体系。因此，在体系建设过程中应坚持以下基本原则。

①不可替代原则。矿山应急救援工作制约因素多，情况复杂多变，与其他应急救援工作相比，具备更强的技术性、时效性和更大的危险性，要求反应快速、判断准确、应变及时、

措施有力。一旦发生重大事故，需要多支救护队协同作战、密切配合、集中指挥，以及强有力的技术支持。因此，必须形成独立的矿山救灾及应急救援体系。矿山安全生产实践也充分证明，矿山应急救援体系在应急救援、预防检查、消除事故以及社会上应急救援等方面都发挥了十分重要的作用，是其他任何应急救援组织和应急救援体系都无法替代的。

②自主救护原则。矿山事故具有突发性的特点，迅速、及时对矿井进行救护既是矿山企业工作的重要组成部分，也是矿山生产工作的客观要求。按照现行国家标准《金属非金属矿山安全规程》（GB 16423）的要求设立矿山救护队，或设立兼职矿山救护队并与就近的专业矿山救护队签订救护协议。

③预防为主原则。矿山应急救援体系的建设要着眼于事故预防，着眼于矿山的系统安全和矿山的持续健康发展，要将预防检查、消除不安全隐患、提高生产系统的抗灾能力、实现系统的本质安全作为体系的主要任务，在制度、管理和技术创新等方面下功夫。

④区域救护原则。我国矿山生产具有区域特点，为保证应急救援的有效性、及时性、资源的合理利用和应急体系的健康发展，应根据矿山的分布、灾害程度、地理位置等情况，合理划分成若干区域。在区域内，可不分管理体制和企业性质，可打破隶属关系，建立起区域应急救援网，以实现区域性的应急救援。同时，还应将矿山应急救援体系作为国家应急救援网的重要组成要素来建设和发展。

⑤集中指挥原则。矿山应急救援必须实行集中指挥，以确保应急救援工作的顺利、有效进行。矿山救护队也要实行军事化管理，统一指挥、统一行动、统一着装，要佩戴帽徽、领章，实行队衔制度。为实现集中指挥，组建国家矿山应急救援指挥中心是必要的；矿山较多的省份应组建省级矿山应急救援指挥分中心，以便及时、有效地协调、指挥矿山的应急救援工作。

⑥全面系统原则。矿山应急救援体系必须覆盖各级、各类矿山。所有矿区都必须配有一定规模的矿山救护队，同时，还应建立起各应急救援组织间的协同机制，密切彼此间的联系，以形成有机整体。另外，还应建立起相应的技术支持、装备保障、信息保障、法律法规和资金保障体系。这样，才能有力促进应急救援体系的有效运转。

（2）编制的步骤

应急预案编制程序包括成立应急预案编制工作组、资料收集、风险评估、应急资源调查、应急预案编制、桌面推演、应急预案评审和批准实施8个步骤。

①成立应急预案编制工作组，并进行分工，明确职责。预案编制工作组中应邀请相关救援队伍以及周边相关企业或单位参加。

②收集有关资料，含收集水文、地质、基本情况、本辖区的地理、气象、环境、人口、重大危险源分布情况以及社会公用设施等。

③进行危险源辨识与风险评估，并撰写评估报告［编制大纲参见现行国家标准《生产

经营单位生产安全事故应急预案编制导则》（GB/T 29639）附录 A〕。企业应系统地确定和评估危险有害因素、重大危险源，它们可能导致什么事故和紧急事件发生，即对危险源进行潜在事故分析。不仅要分析容易发生的事故，还应分析虽不易发生却会造成严重后果的事故。

企业所做的潜在事故分析应包括可能发生重大事故；导致发生重大事故的过程；非重大事故可能导致发生重大事故需经历的时间；如果非重大事故被消除后，它的破坏程度如何；事故之间的联系；每一个事故可能导致的后果。

④应急资源调查。全面调查和客观分析本单位以及周边单位和政府部门可请求援助的应急资源状况，撰写应急资源调查报告〔编制大纲参见现行国家标准《生产经营单位生产安全事故应急预案编制导则》（GB/T 29639）附录 B〕。

⑤编制应急预案。依据事故风险评估及应急资源调查结果，就可着手进行事故应急预案的编制。根据各企业重大风险的具体情况，应急预案也应有所区别。编写的内容要具体细致，落实到人。应急预案编制应以应急处置为核心，体现自救互救和先期处置的特点。

⑥桌面推演。按应急预案明确的职责分工和应急响应程序，结合有关经验教训，相关部门及其人员可采取桌面演练的形式，模拟生产安全事故应对过程，逐步分析讨论并形成记录，检验应急预案的可行性，并进一步完善应急预案。桌面演练的相关要求参见 AQ/T 9007。

⑦应急预案评审。矿山企业应当对本单位编制的应急预案进行评审，并形成书面评审纪要。参加应急预案评审的人员可包括有关安全生产及应急管理方面的、有现场处置经验的专家。预案编制出来后，要通过演练、收集同类事故发生的原因和救援中的经验教训，检验预案每一方面的实效性，便于预案的进一步修改、补充和更新。

⑧批准实施。通过评审的应急预案，由生产经营单位主要负责人签发实施，向本单位从业人员公布，并及时发放到本单位有关部门、岗位和相关应急救援队伍。

（3）编制的内容

生产经营单位的应急预案体系主要由综合应急预案、专项应急预案、现场处置方案和附件构成。生产经营单位应根据本单位组织管理体系、生产规模、危险源的性质以及可能发生的事故类型确定应急预案体系，并可根据本单位的实际情况，确定是否编制专项应急预案。风险因素单一的小微型生产经营单位可只编写现场处置方案。

①综合应急预案：是生产经营单位应急预案体系的总纲，主要从总体上阐述事故的应急工作原则，包括生产经营单位的应急组织机构及职责、应急预案体系、事故风险描述、预警及信息报告、应急响应、保障措施以及应急预案管理等内容。

②专项应急预案：是生产经营单位为应对某一类型或某几种类型事故，或针对重要生产设施、重大危险源、重大活动等内容而定制的应急预案。专项应急预案主要包括事故风

险分析、应急指挥机构及职责以及处置程序和措施等内容。

③现场处置方案：是生产经营单位根据不同事故类型，针对具体的场所、装置或设施所制定的应急处置措施，主要包括事故风险分析、应急工作职责、应急处置和注意事项等内容。生产经营单位应根据风险评估、岗位操作规程以及危险性控制措施，组织本单位现场作业人员及安全管理等专业人员共同编制现场处置方案。

④附件。

a.生产经营单位概况。包括本单位的地址、从业人数、隶属关系、主要原材料、主要产品、产量，以及重点岗位、重点区域、周边重大危险源、重要设施、目标、场所和周边布局情况。

b.风险评估的结果。

c.预案体系与衔接。简述本单位应急预案体系构成和分级情况，明确与地方政府及其有关部门、其他相关单位应急预案的衔接关系（可用图示）。

d.应急物资装备的名录或清单。列出应急预案涉及的主要物资和装备名称、型号、性能、数量、存放地点、运输和使用条件以及管理责任人和联系电话等。

e.有关应急部门、机构或人员的联系方式。列出应急工作中需要联系的部门、机构或人员及其多种联系方式。

f.格式化文本。列出信息接报、预案启动、信息发布等格式化文本。

g.关键的路线、标志和图纸。主要包括矿山地理位置图、总平面布置图、重要防护目标图、应急疏散路线图、附近医院地理位置图及矿山路线图等，以及与相关应急救援部门签订的应急救援协议或备忘录。

2）应急预案的备案

《生产安全事故应急预案管理办法》（原国家安全生产监督管理总局令〔2016〕88号，中华人民共和国应急管理部令〔2019〕2号修订）第二十六条规定：矿山企业在应急预案公布之日起20个工作日内，按照分级属地原则，向县级以上人民政府应急管理部门和其他负有安全生产监督管理职责的部门进行备案，并依法向社会公布。

生产经营单位申报应急预案备案，应提交下列材料：

①应急预案备案申报表；

②本办法第二十一条所列单位，应提供应急预案评审意见；

③应急预案电子文档；

④风险评估结果和应急资源调查清单。

3）应急预案的实施

①各级人民政府应急管理部门、矿山企业应当采取多种形式开展应急预案的宣传教育，普及生产安全事故避险、自救和互救知识，提高从业人员和社会公众的安全意识与应急处

置技能。

②各矿山生产单位应组织开展本单位的应急预案、应急知识、自救互救和避险逃生技能的培训活动，使有关人员了解应急预案内容，熟悉应急职责、应急处置程序和措施。

应急培训的时间、地点、内容、师资、参加人员和考核结果等情况应如实记入本单位的安全生产教育和培训档案。

③各矿山生产单位应制订本单位的应急预案演练计划，根据本单位的事故风险特点，每年至少组织一次综合应急预案演练或专项应急预案演练，每半年至少组织一次现场处置方案演练，并将演练情况报送所在地县级以上地方人民政府负有安全生产监督管理职责的部门。

④应急预案演练结束后，应急预案演练组织单位应对应急预案演练效果进行评估，撰写应急预案演练评估报告，分析存在的问题，并对应急预案提出修订意见。

⑤应急预案编制单位应建立应急预案定期评估制度，对预案内容的针对性和实用性进行分析，并对应急预案是否需要修订作出结论。各类矿山企业应每三年进行一次应急预案评估。

⑥有下列情形之一的，应急预案应及时修订并归档：

a. 依据的法律法规、规章、标准及应急预案中的有关规定发生重大变化的；

b. 应急指挥机构及其职责发生调整的；

c. 安全生产面临的风险发生重大变化的；

d. 重要应急资源发生重大变化的；

e. 在应急演练和事故应急救援中发现需要修订预案的重大问题的；

f. 编制单位认为应修订的其他情况。

5.2.4　露天矿山事故应急预案的评估

应急预案评估就是对应急预案内容的适用性进行分析。通过评估，可以发现应急预案存在的问题和不足，并对是否需要修订作出结论，同时提出修订建议。《生产经营单位生产安全事故应急预案评估指南》（AQ/T 9011）给出了生产经营单位生产安全事故应急预案评估的基本要求、工作程序与评估内容。

1）评估程序

（1）成立评估组

结合本单位部门职能和分工，成立应急预案评估组，明确工作职责和任务分工，制订工作方案。评估组成员人数一般为单数。生产经营单位可邀请相关专业机构或有关专家、有实际应急救援工作经验的人员参加，必要时可委托安全生产技术服务机构实施。

（2）资料收集分析

评估组确定需评估的应急预案，收集相关资料进行分析，明确企业预案的编制依据、应急机构、事故风险、应急救援力量的变化情况，以及应急演练和事故应急处置中发现的新问题。

（3）评估实施

采用资料分析、现场审核、推演论证、人员访谈的方式，对应急预案内容进行评估。

（4）评估报告编写

应急预案评估结束后，评估组成员需要沟通交流各自评估情况，对照有关规定及相关标准，汇总评估中发现的问题，并形成一致、公正客观的评估组意见，在此基础上，评估组将组织撰写评估报告。

2）评估内容

应急预案的评估内容主要包括下列几点：

（1）应急预案管理要求

梳理法律法规、标准、规范性文件及上位预案是否对应急预案作出新规定和要求，主要包括应急组织机构及其职责、应急预案体系、事故风险描述、应急响应及保障措施。

（2）组织机构与职责

判断应急组织机构设置是否合理，岗位职责划分是否清晰，以及应急组织机构设置及职能分配与业务是否匹配。

（3）主要事故风险

根据相关资料分析和现场查看，评估企业事故风险辨识是否准确、类型是否合理、等级确定是否科学、防范和控制措施能否满足实际要求，并结合风险情况提出应急资源需求。

（4）应急资源

评估生产经营单位对于本单位应急资源和合作区域内可请求援助的应急资源调查是否全面、与事故风险评估得出的实际需求是否匹配；现有的应急资源数量、种类、功能和用途是否发生重大变化。

（5）应急预案衔接

评估应急预案是否与政府、企业不同层级、救援队伍、周边单位与社区应急预案相衔接，对信息报告、响应分级、指挥权移交、警戒疏散等方面作出合理规定。

（6）实施反馈

在应急演练、应急处置、监督检查、体系审核及投诉举报中，是否发现应急预案存在组织机构、应急响应程序、先期处置及后期处置等方面的问题。

（7）其他

其他可能对应急预案内容的适用性产生影响的因素。

5.2.5　露天矿山事故应急演练

应急演练是指各级政府部门、企事业单位、社会团体组织相关应急人员与群众，针对特定的突发事件假想情景，按应急预案所规定的职责和程序，在特定的时间和地域执行应急响应任务的训练活动。

应急演练有检验预案、完善准备、磨合机制、宣传教育、锻炼队伍几个目的，应急演练应遵循结合实际、合理定位，着眼实战、讲求实效，精心组织、确保安全，统筹规划、厉行节约等原则。

1）应急演练的分类

应急演练按演练内容分为综合演练和单项演练，按演练形式分为实战演练和桌面演练，按目的与作用分为检验性演练、示范性演练和研究性演练，具体见表5.2。不同类型的演练可相互组合。

表 5.2　应急演练的分类

应急演练分类	按照演练内容划分	单项演练
		综合演练
	按照演练形式划分	桌面演练
		实战演练
	按目的与作用划分	检验性演练
		示范性演练
		研究性演练

2）应急演练基本流程

应急演练基本流程包括计划、准备、实施、评估总结和持续改进5个阶段。《生产安全事故应急演练基本规范》（AQ/T 9007—2019）规定了每个阶段的规范性要求。

（1）计划

①需求分析。

明确开展应急演练的需求内容，确定需进一步明确的职责、需完善的应急处置工作流程和指挥调度程序、参演人员的类别、需锻炼的技能和检验的设备等，提出应急演练初步内容和主要科目。

采取各种措施，分析和评估应急预案、应急职责、应急处置工作流程和指挥调度程序、应急技能和应急装备、物资等方面的薄弱环节，提出需通过应急演练解决的问题，从而有针对性地确定应急演练目标，提出应急演练的初步内容和主要科目。（事故情景）

②明确任务。

a.确定应急演练的事故情景类型、等级、发生地域、参演单位及人数、演练方式等，细化应急演练各阶段主要任务和完成时限，包括应急演练相关文件编写期限、物资器材准备的期限、应急演练实施的拟定日期等。（主要环节）

b.确定应急演练的事故情景类型、等级、发生地域，演练方式、参演单位、应急演练各阶段的主要任务、应急演练实施的拟定日期等。

③制订计划。

制订应急演练工作计划，明确应急演练主要目的、类型（形式）、时间和地点、应急演练组织机构、主要内容、参加单位及职责、经费预算与保障措施，以及细化应急演练。

（2）准备

①成立演练组织机构。

综合演练通常应成立演练领导小组，负责演练活动筹备和实施过程中的组织领导工作，审定演练工作方案、演练工作经费、演练评估总结以及其他需要决定的重要事项。演练领导小组下设策划与导调组、宣传组、保障组和评估组。根据演练规模大小，其组织机构可进行调整。

②编制文件。

应急演练文件包括演练工作方案、演练脚本、演练评估方案、保障方案、观摩手册和宣传方案。

③工作保障。

根据演练工作需要，做好演练的组织与实施需要相关保障条件，主要包括人员保障、经费保障、场地保障、物资和器材保障、通信保障和安全保障等。

（3）实施

实施阶段是指正式应急演练开始至结束的阶段，主要包括演练启动、演练执行和演练结束与终止。

①演练正式启动前，需要进行现场检查，并召开演练介绍会，应急演练总指挥宣布演练开始并启动应急演练。

②演练执行主要有以下几个环节：

a.演练指挥与行动。演练策划与导调组对应急演练实施全过程的指挥控制。演练策划与导调组按应急演练工作方案规定程序，熟练发布控制信息，调度参演单位和人员完成各项应急演练任务。

参演单位和模拟人员依据接收到的信息和指令，按演练方案规定的程序开展应急处置行动，完成各项演练活动。

演练评估组跟踪参演单位和模拟人员的响应情况，进行成绩评定并做好记录。

b.应急演练过程控制。演练实施的重点在于对演练过程的控制，主要分为桌面演练过程控制和实战演练过程控制。

在桌面演练中，演练活动的展开主要是对所提出的问题进行讨论。演练主持人一般以口头或书面形式，一次引入一个或若干个问题。演练人员根据应急预案或有关规定，讨论针对要处理的问题所应采取的行动。行动可以是口头叙述，也可以是在图上标注，或是使用道具模拟。为了保证参演人员的发言质量，主持人应留给每一位发言者 5 ~ 10 分钟的准备时间。主持人在讨论中要注意控制会场讨论的方向和气氛，避免讨论纠缠于不必要的细节问题，以达到预先设定的演练目标。

对于实战演练，执行要点由总指挥根据情况及时决策，要对演练全过程进行控制；现场指挥服从和传达上级指挥人员的指令，调动、指挥参演人员行动，及时报告现场情况（尤其是方案中没有预料的意外情况），也适度允许演练人员"自由演示"，对现场演练进行控制；控制人员通过传递控制信息，引导演练进行，并对演练进行控制；同时辅以演练解说、演练背景描述、进程讲解、案例介绍、环境渲染等，还需做好文字、图片和声像等演练记录，并且要注重对演练的宣传报道。

c.演练记录。在演练实施过程中，一般要安排专门人员采用文字、照片和音像手段记录演练过程。文字记录一般可由评估人员完成，主要包括演练实际开始时间与结束时间、演练过程控制情况、各项演练活动中参演人员的表现、意外情况及其处置等内容，尤其是要详细记录可能出现的人员"伤亡"（如进入"危险"场所而无安全防护，在规定的时间内不能疏散等）及财产"损失"等情况。

照片或影像记录可安排专业人员和宣传人员在不同现场、不同角度进行拍摄，尽可能全方位反映演练实施过程。

③演练结束与终止。完成各项演练内容后，演练总指挥宣布演练结束。演练结束后所有人员停止演练活动，按预定方案集合，进行现场总结讲评或组织疏散。保障部负责组织人员对演练现场进行清理和恢复。

演练过程中出现下列情况，经演练领导小组决定，由演练总指挥按事先规定的程序和指令停止演练：

a.出现真实的矿山事故，需要参演人员参与应急处置时，要终止演练，使参演人员迅速回归其工作岗位，履行应急处置职责；

b.出现特殊或意外情况，短时间内不能妥善处理或解决时，可提前终止应急演练。

（4）评估与总结

演练评估组围绕演练目标和要求，对参演人员的表现、演练活动准备情况及其组织实施过程作出客观评价，并编写演练评估报告。按照《生产安全事故应急演练评估规范》（AQ/T 9009—2015）中 7.1、7.2、7.3、7.4 的要求执行。

应急演练结束后，演练组织单位应根据演练记录、演练评估报告、应急预案、现场总结等材料，对演练进行全面总结，并形成演练书面总结报告。

（5）持续改进

演练组织单位应根据应急演练评估报告、总结报告提出的问题和建议，按程序对预案进行修订完善，并对应急管理工作（包括应急演练工作）进行持续改进。

5.2.6 露天矿山事故应急演练评估

露天矿山事故应急演练评估应遵循《生产安全事故应急演练评估规范》（AQ/T 9009）执行。应急演练评估是对演练准备、策划、实施、应急处置等工作进行客观评价并形成评估报告的过程，由演练评估组实施，演练结束后，评估组要全面分析露天矿山事故应急演练记录及相关资料，对比参演人员的表现与演练目标的要求，对演练活动及其组织过程作客观评价，并编写演练评估报告。评估事项必须全面，尤其对演练的重点环节要加强评估，如对事故的监测、应急响应以及事故处理等，不能增添与演练内容无关的事项。

应急演练评估程序包括评估准备、评估实施和评估总结。

1）演练评估准备

演练评估准备主要包括以下几个内容：

（1）成立评估机构和确定评估人员

评估组由应急管理方面的专家和相关领域专业技术人员或相关方代表组成，规模较大、演练情景和参演人员较多或实施程序复杂的演练，可设多级评估，并确定总体负责人及各小组负责人。

（2）收集资料，确定评估工作的目的、内容、程序和方法（略）

（3）编写评估方案和评估标准

评估方案的内容通常包括演练模拟情景概述；演练评估目的、内容；评估信息获取方式；评估工作的组织实施。

（4）培训评估人员，准备评估材料、器材

评估人员应接受以下几个专题内容的培训：演练组织和实施的相关文件；演练评估方案；演练单位的应急预案和相关管理文件；熟悉演练场地，了解有关参演部门和人员的基本情况、相关演练设施，掌握相关技术处置标准和方法。

2）演练评估实施

①评估人员提前就位，做好演练评估准备工作。

要全面、正确地评估演练效果，必须在演练地域的关键地点和各参演应急组织的关键岗位上派驻评估人员。

②观察记录和收集数据、信息和资料。

演练开始后，演练评估人员通过观察、记录和收集演练信息和相关数据、信息和资料，观察演练实施及进展、参演人员表现等情况，及时记录演练过程中出现的问题。在不影响演练进程的情况下，评估人员可进行现场提问并做好记录。

③演练评估。

根据演练现场观察和记录，依据制定的评估表，逐项对演练内容进行评估，并及时记录评估结果。

A. 桌面演练评估。

桌面演练的目的是依据应急预案对事先假定的演练情景进行交互式讨论和推演应急决策及现场处置的过程，从而促使相关人员掌握应急预案中所规定的职责和程序，提高指挥决策和协同配合能力，具体评估内容见表 5.3。

桌面演练评估从演练策划与准备、演练实施 2 个方面进行。演练策划与准备包括演练策划与设计、演练文件编制和演练保障。实施主要包括桌面演练执行的 4 个环节（注入信息、提出问题、分析决策和书面表达）的完成情况；其他主要指演练效果（绩效）。

表 5.3　桌面演练评估表

评估项目	评估要素	评估内容
演练策划与准备	演练策划与设计	演练目标、演练情景设计、演练脚本编制、演练程序等共 7 项
	演练文件编制	演练工作方案、组织机构、角色分工共 3 项
	演练保障	人员保障、物资器材保障、经费保障共 3 项
演练实施	注入信息	演练信息展示、情景事件发展情况共 2 项
	提出问题	指挥决策、组织协调、任务下达共 3 项
	分析决策	参演人员接受信息、分析信息、形成统一处置决策等共 10 项
	表达结果	决策意见表达共 1 项
	其他	演练目标达成度、协调配合度、参演人员能力提升等共 4 项

B. 实战演练评估。

实战演练是针对事先设置的突发事件情景及其后续的发展情景，通过实际决策、行动和操作，完成真实应急响应的过程，从而检验和提高相关人员的临场组织指挥、队伍调动、应急处置技能和后勤保障等应急能力。

实战演练的评估主要从演练准备和演练实施 2 个方面进行。与桌面演练不同，实战演练的实施情况包括预警与信息报告、紧急动员、事故监测与研判、指挥和协调、事故处置、应急资源管理、应急通信、信息公开、人员保护、警戒与管制、医疗救护、现场控制及恢复和其他 13 个方面，具体评估内容见表 5.4。

表 5.4　实战演练准备情况评估表

评估项目	评估要素	评估内容
演练准备	演练策划与设计	演练目标、演练情景设计、演练程序、演练方案说明、演练脚本编制、情景事件等共 10 项
	演练文件编制	演练工作方案、演练脚本、保障方案、宣传方案、观摩手册等共 9 项
	演练保障	人员保障、物资器材保障、经费保障、场地保障、安全保障等共 9 项
演练实施	预警与信息报告	预警条件、方式和事故信息报告等共 8 项
	紧急动员	事故级别确认、应急响应启动、紧急动员效果等共 6 项
	事故监测与研判	事故评估、事故监测、危害报告等共 4 项
	指挥和协调	现场应急指挥部、应急指挥中心、应急指挥人员等共 11 项
	事故处置	应急处置、协同救援、安全监测、次生事故、人员安全等共 8 项
	应急资源管理	应急资源需求、使用、满足和管理共 4 项
	应急通信	通信能力、通信方式、通信效果、通信保障共 4 项
	信息公开	信息发布部门、人员、信息公开、舆情监测共 4 项
	人员保护	相关方、救援人员、事故涉及方和特殊人群共 4 项
	警戒与管制	关键应急场所管制、管制区域、警戒和管制标识、清除路障共 4 项
	医疗救护	医疗资源、场外救护、现场急救、紧急送医共 4 项
	现场控制及恢复	安全技术措施、二次污染或伤害、人员疏散和安置、现场保障共 4 项
	其他	演练目的和目标的达成度、演练的完成情况、与预案的符合度、参演人员的协调配合度、参演人员能力提升等共 8 项

3）演练评估总结

（1）演练点评

演练结束后，选派有关代表（演练组织人员、参演人员、评估人员或相关方人员）对演练中发现的问题及取得的成效进行现场点评。

（2）参演人员自评

演练结束后，演练单位应组织各参演小组或参演人员进行自评，总结演练中的优点和不足，介绍演练收获及体会。演练评估人员应参加参演人员自评会并做好记录。

（3）评估组评估

参演人员自评结束后，演练评估组负责人应组织召开专题评估工作会议，综合评估意见。评估人员应根据演练情况和演练评估记录发表建议并交换意见，分析相关信息资料，明确存在的问题并提出整改要求和措施等。

（4）编制演练评估报告

演练现场评估工作结束后，评估组针对收集的各种信息资料，依据评估标准和相关文件资料对演练活动全过程进行科学分析和客观评价，并撰写演练评估报告，评估报告应向所有参演人员公示。

报告的主要内容通常包括演练基本情况、演练评估过程、演练情况分析、改进的意见和建议以及评估结论。

（5）整改落实

演练组织单位应根据评估报告中提出的问题和不足，制订整改计划，明确整改目标，制定整改措施，并跟踪督促整改落实，直到问题解决为止。同时，总结分析存在问题和不足的原因。

5.3 实践训练项目

①结合《矿山救护规程》（AQ 1008—2007）编写矿山救护流程图。

②结合《矿山救护规程》（AQ 1008—2007）编写非煤矿山事故救援手册。

③学习《矿山救护规程》（AQ 1008—2007）中关于医疗急救部分的内容，在条件允许的情况下完成外伤包扎、人工呼吸、心肺复苏和骨折固定等现场实操技能训练。

④依据《矿山救援培训大纲及考核规范》（AQ/T 1118—2021）中规定的矿山救护培训内容，完成一项培训内容的课件制作，并注意不同培训对象的学时分配。

⑤结合实习单位的实际情况，完成相应专项应急预案或现场应急方案的编制。

⑥按照《生产安全事故应急预案管理办法》（国安监总局令第 88 号，应急管理部第 2 号令修正），对实习矿山企业编制的应急预案进行评审，并形成书面评审纪要。

⑦学习《矿山生产安全事故报告和调查处理办法》（矿安〔2023〕7 号），完成一篇关于露天矿山事故的调查报告。

⑧依据《生产安全事故应急演练基本规范》（AQ/T 9007—2019），选择一类典型事故，完成露天矿山事故应急演练脚本的编制。

第6章 露天矿山实践安全

6.1 实践现场安全

6.1.1 机械运行现场安全

在进行露天采矿的过程中，由于开采环境比较差，作业条件十分复杂，机械设备长时间的工作会导致部分零件老化，没有及时对老化的设备进行维护和保养，在作业时就很容易出现各种故障，如果出现故障的时候没有及时解决，就会造成机械设备倾倒，甚至出现机械设备失效，发生自燃等安全事故，因此，要特别注意和机械设备保持足够的安全距离，不随意触碰设备。

6.1.2 铲装、运输与排土现场安全

铲装、运输与排土是露天矿的主要生产环节，也是生产过程中易于发生安全事故的工序之一。铲装是指露天矿爆破后用电铲或挖掘机将松散的岩石铲装至卡车的过程。运输、排土则是指卡车将岩石从露天矿点运输、排放至破碎站或排土场。铲装、运输、排土过程中的危害包括运输设备及车辆损坏、偏离运输轨道、撞伤行人、损坏房屋或其他工业设施、掉入排土场或破碎站中、电铲或其他车辆遭到边坡飞石损毁等，从而造成人员伤亡。

露天矿山多采用自卸汽车进行运输作业，运输道路转弯半径、路面宽度与行车距离的不规范容易发生碰撞、侧翻、自燃等安全事故，因此要特别注意避让车辆，并在通过矿山公路时，时刻注意前后方向来车。

6.1.3　滑坡危害及安全注意事项

露天矿山边坡的开采挖掘，是在整个岩体上进行的，对露天矿山边坡的开采让原来在地表内部的岩体遭到了外部爆破的破坏，使边坡岩体失去了平衡，在边坡岩体的重力上会发生方向偏移，如果进行大肆开采挖掘必定会对岩体造成破坏，以至于会发生边坡滑坡事故，岩体在发生较大的变形量时会产生一定的破坏力。滑坡是露天矿常见的灾害。露天矿生产和挖掘过程中形成的斜坡或天然斜坡，在重力作用下沿一定的软面（或软弱带）整体向下滑动的现象叫滑坡。露天矿山滑坡会带来不同程度的危害，有的切断运输线路，有的掩埋人员和破坏设备，还有的甚至破坏建筑，威胁人身安全。

在实践过程中，不得靠近设立危险警戒和标志的危险区域；密切关注当地气象部门的天气预报，特别是在降雨、降雪等天气中，要特别注意观察周围边坡及排土场的稳定情况；如遇边坡失稳要立即疏散并配合露天矿山进行相应的应急处置。

6.1.4　爆破危害及安全注意事项

爆破作业是露天矿生产过程中的重要工艺，也是矿山生产中易于发生重大安全事故的主要危险源。爆破中瞬时产生的巨大能量对周围介质产生剧烈的破坏、振动和冲击作用，同时产生巨大的声响，并释放出大量的有毒气体。常见的爆破危害有爆破震动危害、爆破冲击波的危害、爆破飞石的危害、拒爆危害、早爆危害等，直接对人体和露天矿的生产工艺设施产生破坏。

（1）拒爆危害

爆破作业中，各种原因造成起爆药包熄火和炸药的部分或全部未爆的现象称为拒爆。爆破中产生的拒爆不仅影响爆破效果和生产成本，而且处理时存在较大的危险性，如果未能及时预防、发现和处理失当，会造成人员伤亡。因此，炸药拒爆，在处理过程中对人员与设备的伤害和损伤，是露天矿生产中的隐患。

（2）早爆危害

早爆是爆破作业中未能按规定时间而提前起爆的现象。引起早爆的原因是多方面的，但如果不及时发现和预防，将会对人员和设备造成极大危害，酿成重大安全事故。各种原因引起的炸药早爆现象对人员和设备造成伤害和损伤，成为爆破可能导致的安全隐患。

（3）爆破震动危害

炸药在岩土介质中爆破后，在距离爆源一定范围内，岩体中的质点会产生剧烈的弹性震动，即称为爆破震动波。露天台阶爆破或硐室爆破时，一次装药量较大，爆破引起的震动相应较大，因而对附近的工业设施设备及岩体、边坡产生影响，有可能引发大范围的地表变形、边坡失稳、建筑物损坏，甚至造成人员伤亡和财产损失。

爆破震动对露天地表的主要危害有以下几点：

①边坡失稳；

②建筑物及工业设施损坏；

③露天开采生产中断与停产；

④人员伤亡与设备损失；

⑤地表沉陷或出现裂隙；

⑥其他：包括供电、供水、通信、排水、防洪等系统破坏。

（4）爆破冲击波危害

爆破时部分爆炸气体产物随崩落的岩土冲出，或对空气介质作用形成强气流或冲击，危害周围建筑物、人员、设备设施等。

（5）炮烟危害

露天矿爆破会产生大量的有毒有害气体，其中包括一氧化碳、氮氧化物及粉尘等有毒有害成分。此外爆破还会消耗大量的氧气，导致空气中氧气浓度下降。爆破中产生的有毒有害气体若不尽快稀释、吹散或净化，作业人员贸然进入工作面，会导致炮烟中毒，出现呕吐、窒息、昏迷甚至死亡。

在实践过程中，如遇爆破作业，要注意不要靠近爆破危险区范围，当组织邻近受爆破威胁人员到安全地待避时，应根据要求进行待避。

6.1.5 粉尘危害及安全注意事项

粉尘危害是指矿山生产在穿孔、爆破、铲装、运输、破碎、排土、装卸等过程中所产生并能长期悬浮在生产环境中的微小颗粒物，其有害化学成分主要为石英、磁黄铁矿等。在生产场所对人体有害的物质是二氧化矽，如长期吸入将导致矽肺病，严重影响工人身体健康。

在露天矿开采工序中，不可避免地产生大量粉尘，既直接危害职工的身体健康，又污染了环境。粉尘一般是指粒径为 1 ~ 200 μm 的固体微粒，通常是由于固体物的破碎、研磨、装卸、输送等过程中产生的。粒径大于 10 μm 的粉尘对人体危害较小，而 0.5 ~ 5 μm 的粉尘对人体危害很大（小于 0.5 μm 为飘尘），由于气体扩散作用其被黏附在上呼吸道表面并随痰排出。粉尘最主要最危险的途径是经过人的呼吸道吸入，直接深入肺部，在肺泡内沉积，形成矽肺病。

露天矿采场的矿石运输和排废，都会引起粉尘飞扬。特别是运矿汽车行驶时从路面扬起的粉尘，是污染露天矿采区的主要尘源。

在实践过程中要注意佩戴防尘口罩。

6.1.6 触电危害及安全注意事项

露天矿山电气设备较多，而且移动频繁，很容易出现绝缘老化、破损的问题，从而导致接地保护失灵，甚至漏电等，非常容易发生触电事故。

在实践过程中要注意以下几点：

①不要随意去触摸带电的电线；

②不要随意触摸电气设备；

③不要用沾有水的手去拔插头；

④不能乱拉乱接电线。

触电后的应急措施有以下几点：

（1）解脱电源

触电事故发生后，严重电击引起肌肉痉挛有可能使触电者从线路上或带电的设备上摔落；但最多的是被"吸附"在带电体上，导致电流不断通过人体。因此，触电急救首先是使触电者脱离电源。

（2）低压触电急救

①电源开关或插销在触电地点附近时，可立即拉开或拔出插头，断开电源。

②如果电源开关或插销距离较远时，可用有绝缘柄的电工钳等工具切断电线，从而断开电源，还可用木板等绝缘物插入触电者身下，以隔断电流通道。

③若电线掉落在触电者身上或被压在身下，可用干燥的绳索、木棒等绝缘物作为工具，拉开触电者或排开电线，使触电者脱离电源。

④如果触电者的衣服是干燥的，又没有紧缠在身上，可用一只手抓住触电者的衣服，将其拉离电源。这时因为触电者的身体是带电的，鞋的绝缘也可能遭到破坏，所以救护人不得接触触电者的皮肤，也不能抓触电者的鞋。

6.2 交通安全

①建议乘坐正规的有安全保障的交通工具，并坚决抵制非法运营工具。

②严格遵守各项安全乘车规定，服从工作人员的管理。

③加强交通安全意识，交通事故发生后应尽快将伤者送往医院，并注意保护现场，及时向相关交通运输部门报告。

6.3 财产安全

外出实践时，不应随身携带过多现金，只需留下少量零用，一般不要将自己的行李交给不相识的人看管。在车、船上过夜时，要将贵重物品放在自己的贴身处。如果不幸被盗窃，应立即向当地公安机关报案，并积极配合公安机关开展侦破工作。

6.4 住宿安全

①要入住有营业执照并且管理正规的旅馆或招待所，可将贵重物品交给服务台保管，夜间不要单独外出，睡觉时要锁好门窗。

②增强安全自卫意识，保持一定的警惕心理，保管好个人贵重财物；同时减少单独活动和夜间活动，尽量采取小组活动的形式，活动行程应及时向家长报告，不单独到陌生或荒僻的地方。在遭遇偷窃、抢劫以及其他意外伤害时，应保持冷静，灵活应对，以保证自身安全为前提，并及时报案。

③在公共场合注意自身言行举止，尽量避免与人争执，采取克制忍让的态度。如与社会人员发生争吵甚至斗殴，现场同学应尽快制止，防止事态恶化；如不听劝阻，应迅速联系公安部门处理。

④服从住宿管理，与家长保持信息沟通。

⑤掌握基本安全常识，不到有安全隐患的场所，如发生火灾等灾害，一切以保障人员安全为第一位，及时组织人员疏散逃生，同时通知相关部门。

6.5 卫生和疾病安全

①冬季参与社会实践，应注意自身保暖，合理饮食，充足饮水，避免在寒冷的环境下长时间活动，以防止冻伤，引起感冒等病症。

②合理安排作息，避免过度劳累，保证睡眠时间。

③注意饮食卫生，尽量少食用生冷食品，尽量不要饮用生水。如果必需饮用，请避免食用和饮用野外采集的食物和水源，外出就餐时，请选择具有一定卫生条件的场所。

④加强个人卫生，勤洗手，防止肠道传染病。打喷嚏、咳嗽后要洗手，洗后用清洁的毛巾或纸巾擦干净。

⑤根据当地情况准备合适的个人衣物及个人卫生用具并妥善保管，减少因寒冷天气引起的感冒、发烧等病症。

⑥在车船或飞机上要节制饮食。由于没有运动条件，食物的消化过程延长、速度减慢，如果不节制饮食，必然增加肠胃的负担，引起肠胃不适。第 6 章 露天矿山实践安全

⑦了解当地传染病和寄生虫疫情，针对实践地的情况预先咨询医疗机构和医务人员，做好防疫准备，必要时提前注射疫苗；了解当地危险动物（蛇、有毒昆虫等）的活动情况，并做好相应准备。

⑧在紫外线强烈的地区，如高原地带，注意采取防晒措施，避免出现被晒伤情况。

⑨实践过程中推荐穿长裤、袜子和运动鞋等方便活动的保暖衣物。

⑩建议组织老师和学生学习一些常见病的处理，携带出行常用药箱，如有可能应有 1 ~ 2 名参加过正规培训的急救员随队。

⑪出行时的常见病主要是感冒、咳嗽、腹泻等消化道疾病、呼吸道疾病，适当备一些药即可。如果自己用药，一定要有充足的把握，不能滥用抗生素类药物。

⑫出现伤病人员时，如果没有去医院治疗，务必安排身体状况良好的人员陪同，不得让伤病人员单独停留在住宿地点或活动地点。

⑬在遭遇非人为性的突发事件时，保持冷静并进行适当的处理，如果情况严重及时送往医院诊治。

6.6 防范滋扰

①实践过程中，实践队伍应建立严格的请假销假制度，原则上不允许队员脱离实践队伍单独行动；在必要的情况下，有队员单独行动时，必须向队伍说明事由、前往地点、返回时间以及确保联络畅通；实践队伍尽量减少夜间外出，尤其禁止队员夜间单独外出；一般情况下，尽量不要让女生单独行动。

②注意实践地点的治安状况，减少在案件多发地区和多发时间的活动；禁止酗酒、赌博；不参与、不围观打架斗殴，避免和他人发生冲突；避免卷入各种群体性事件，防止被人利用和胁迫。

③严防暴力犯罪事件的侵害；女生避免穿着过于暴露的服装，避免在人烟稀少、夜间单独活动，以减少性骚扰和性侵害事件发生的可能性；遇到治安案件和犯罪案件时及时寻求警方协助。

④警惕传销组织的活动，遇到犯罪行为及时报警。

⑤面对流氓的滋扰，千万不要惊慌而要正确对待。要问清缘由、弄清是非，既不畏惧

退缩、避而远之，也不随便动手，而应晓之以理，妥善处置。要注意团结和发动周围的群众，以对滋事者形成压力，迫使其终止违法犯罪行为。同时要尽快与老师联系，用正当手段解决问题，必要时寻求法律保护。

6.7 其他危害

除上述危害外，实践过程中还有诸多危及人身安全的危害，如地震、火灾、水灾、泥石流等自然灾害，以及虫害、高台阶摔伤等，都要注意防护，严格按照实践单位安全控制标准和流程开展实践工作并按要求参加相应人身保险，确保实践过程中的人身及财产安全。

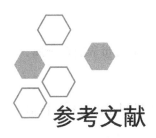

参考文献

［1］高永涛，吴顺川.露天采矿学［M］.长沙：中南大学出版社，2010.

［2］牛弩韬.非煤露天矿山生产现场管理［M］.北京：冶金工业出版社，2013.

［3］侯茜，王云海，程五一，等.金属非金属矿山安全标准化创建与考评［J］.金属矿山，2009（8）：140-142.

［4］樊晶光.新版《企业安全生产标准化基本规范》解读［M］.北京：煤炭工业出版社，2017.

［5］国家质量监督检验检疫总局，中国国家标准化管理委员会.企业安全生产标准化基本规范：GB/T 33000—2016［S］.北京：中国标准出版社，2016.

［6］国家安全生产监督管理总局.金属非金属矿山安全标准化规范导则：AQ/T 2050.1—2016［S］.北京：煤炭工业出版社，2017.

［7］国家安全生产监督管理总局.金属非金属矿山安全标准化规范 第3部分：露天矿山实施指南：AQ/T 2050.3—2016［S］.北京：煤炭工业出版社，2017.

［8］李春民，王云海，胡家国，等.金属非金属矿山安全标准化核心思想和理论基础探讨［J］.中国安全生产科学技术，2012，8（1）：92-96.

［9］胡月亭.安全风险预防与控制［M］.北京：团结出版社，2017.

［10］中国应急管理.国务院安委会办公室印发《实施遏制重特大事故工作指南构建双重预防机制的意见》［J］.中国应急管理，2016（10）：33-35.

［11］魏山峰.安全生产双重预防机制相互关系研究［J］.中国安全科学学报，2023，33（S1）：64-68.

［12］王雪峰，刘奔，李者，等.无人机倾斜摄影测绘在矿山生态修复中的应用［J］.露天采矿技术，2023，38（6）：31-35.

[13] 李红伟，王登，李侃.矿山测绘中无人机倾斜摄影技术的应用[J].世界有色金属，2023（19）：19-21.

[14] 王朝丽，海宇任.基于非煤露天矿山安全员角色开展双重预防机制建设[J].价值工程，2023，42（21）：20-22.

[15] 谢锐星.中小型企业"双重预防机制"运行现状及思路[J].中国安全生产，2023，18（11）：51-53.

[16] 李明伟，罗蔚.浙江湖州：推进双重预防机制与标准化融合智治[J].中国安全生产，2023，18（9）：36-37.

[17] 中国科技产业化促进会.企业安全生产双重预防机制建设规范：T/CSPSTC 17—2018[S].北京：中国标准出版社，2018.

[18] 国家能源局.煤矿安全双重预防机制规范：NB/T 11123—2023[S].北京：中国标准出版社，2023.

[19] 国家市场监督管理总局.职业健康安全管理体系要求及使用指南：GB/T 45001—2020[S].北京：中国标准出版社，2020.

[20] 国家市场监督管理总局，国家标准化管理委员会.危险化学品重大危险源辨识：GB 18218—2018[S].北京：中国标准出版社，2018.

[21] 国家市场监督管理总局，国家标准化管理委员会.生产过程危险和有害因素分类与代码：GB/T 13861—2022[S].北京：中国标准出版社，2022.

[22] 山东安全生产标准化技术委员会.金属非金属露天矿山企业安全生产风险分级管控体系实施指南：DB37/T 3162—2018[S].济南：山东省质量技术监督局，2018.

[23] 山东安全生产标准化技术委员会.金属非金属露天矿山企业生产安全事故隐患排查治理体系实施指南：DB37/T 3163—2018[S].济南：山东省市场监督管理局，2018.

[24] 吉林省安全生产监督管理局.安全生产风险分级管控和隐患排查治理双重预防机制建设通则：DB22/T 2881—2018[S].长春：吉林省市场监督管理厅，2018.

[25] 吉林省安全生产监督管理局.非煤矿山行业安全生产风险分级管控和隐患排查治理双重预防机制建设通用规范：DB22/T 2882—2018[S].长春：吉林省市场监督管理厅，2018.

［26］河北省应急管理厅.非煤矿山双重预防机制建设规范：DB 13/T 2937—2019［S］.
石家庄：河北省市场监督管理局，2019.

［27］郑立业.安全风险辨识评价与管控实务［M］.天津：天津科学技术出版社，2018.

［28］李美庆.生产经营企业事故预防与隐患排查管理指南［M］.北京：化学工业出版社，
2009.

［29］王海彦.安全生产工作研究［M］.合肥：安徽人民出版社，2008.

［30］教育部高等学校安全工程学科教学指导委员会.安全监察［M］.北京：中国劳动
社会保障出版社，2011.

［31］王振平，刘媛媛，马砺，等.我国矿山应急救援体系研究探讨［J］.煤炭技术，
2015，34（1）：343-346.

［32］陈益能，杨伟，张铎.区域性矿山应急救援体系构建研究现状与发展趋势［J］.中
国煤炭，2020，46（5）：57-61.

［33］邓军，李贝，李海涛，等.中国矿山应急救援体系建设现状及发展刍议［J］.煤矿开采，
2013，18（6）：5-9.

［34］国家安全生产监督管理总局.矿山救护规程：AQ 1008—2007［S］.北京：煤炭工
业出版社，2008.

［35］全国安全生产标准化的技术委员会煤矿安全分技术委员会.矿山救护队标准化考核
规范：AQ/T 1009—2021［S］.北京：中华人民共和国应急管理部，2021.

［36］国家市场监督管理总局，国家标准化管理委员会.生产经营单位生产安全事故应急
预案编制导则：GB/T 29639—2020［S］.北京：中国标准出版社，2020.

［37］全国安全生产标准化技术委员会.生产经营单位生产安全事故应急预案评估指南：
AQ/T 9011—2019［S］.北京：中华人民共和国应急管理部，2019.

［38］全国安全生产标准化技术委员会.生产安全事故应急演练基本规范：AQ/T 9007—
2019［S］.北京：中华人民共和国应急管理部，2019.

［39］国家安全生产监督管理总局.生产安全事故应急演练评估规范：AQ/T 9009—2015
［S］.北京：煤炭工业出版社，2015.

［40］中华人民共和国应急管理部.矿山救援培训大纲及考核规范：AQ/T 1118—2021
［S］.北京：中国标准出版社，2021.

［41］王运敏，李世杰．金属非金属矿山典型安全事故案例分析［M］.北京：冶金工业
　　出版社，2015.

［42］姜威，张道民，赵振奇，等.矿山尘害防治问答［M］.北京：冶金工业出版社，
　　2010.